発酵食品と戦争

小泉武夫

文春新書

1421

はじめに

第二次世界大戦は日本の敗戦で終った。国民は戦争の恐怖からとりあえず逃れたものの、それからの生活は困窮を極めた。とりわけ大戦の終盤から終戦後しばらくの間は、食糧事情が極度に悪化し、普通なら捨てていたものまでさまざまに工夫して食べていたことが、国民からの生活体験発信や政府機関と地方自治体などの調査でわかっている。今の私たちにはとても信じられないことであるが、それが事実であり、ここにも戦争という蛮行の残忍さがあらためて物語られているのである。

その幾つかの例を述べてみよう。まずキャベツの芯の食べ方では、繊維を切るように横に細かくきざみ、塩もみや塩漬け、煮物、油炒めなどしてからご飯に混ぜ、米の増量を図る。トウモロコシの芯は、薄く切ってから水煮し、やわらかくなったところでご飯に混ぜる。また煮汁はやや甘いので砂糖の代用に使える。カボチャやスイカの種は、干してから煮て堅い皮を剥《は》ぎ、中から出てきた種髄《たねずい》を落花生《らっかせい》の代用にする。ミカンの皮は干してから炒ってすりつぶし、それを塩で味付けし、振りかけの材料としてご飯にかけるか水団《すいとん》に入れる。びっくりするのは鋸《のこぎり》の屑粉《くずこ》（木屑《きくず》）の食べ方で、粉末にしてから米粉や小麦粉、あるいは雑穀（稗《ひえ》、粟《あわ》、蕎麦《そば》、黍《きび》、鳩麦《はとむぎ》など）の粉に二割ぐらい混ぜる。蚕《かいこ》や昆虫の蛹《さなぎ》はそのまま佃煮にするか、干してから炒り、それを粉にして穀物に混ぜたり団子にする。イナゴ及びバッタは羽を取り、熱湯に入れてから脚《あし》を除き塩炒りか佃煮にする。ネズミは小鳥のような味で美味いが、骨には人間に害をおよぼす成分があるので捨てる。肉は串焼きにしたり煮たりして、害虫や菌を殺してから食用にする。ざっとこのようなことが実際に行われてきたのである。

　戦争がもたらしたこのような食糧の欠乏は、何も日本で起きた第二次世界大戦での食糧欠乏の危機ばかりでなく、たったいま世界で起っている戦争でも現実なのである。その例は、ロシアがウクライナに侵攻したこのたびの戦争によって世界有数の小麦輸出国である両国からの流通が混乱し、世界の小麦市場価格は史上最高値まで押し上げられた。そのため両国の小麦に頼っていたアフリカや中近東、西欧、そして日本を含むアジアの国々でも、市場が大きく混迷している。このことは小麦ばかりでなく、大麦やトウモロコシ、両国が大半を生産するひまわり油などでも例外ではない。

また農業に直接関わる肥料をつくるための天然ガスの価格も戦争のために急騰し、さらに両国は化学肥料の生産大国であることも世界の農業生産力に大きな影響を与えている。一方、ロシアからの化石燃料も大幅に減少したために、食料等を輸送するための船舶の燃料費も高騰するなど、とにかく戦争が食糧事情に与える混乱は極めて甚大かつ深刻なものなのである。

発酵食品と戦争の密接な関係

日本での第二次世界大戦前後の食糧事情をよく語るものに食糧の輸入量や消費量、生産量の比較がある。例えば食糧全体の輸入率を見ると、戦前に比べ終戦直後はその二〇％にまで減少（約八〇％の減少）、砂糖の輸入量は戦前の八〇万トンから終戦直後は一八万トンまで減少。漁獲高は戦前に比べ終戦直後は半分以下に、また米の生産量も戦争前後では半分以下に減少している。一方、増えたものは皮肉なことに、軍消費の米の量で戦前は一六万トンであったのが終戦時には七四万トンになっている。戦争中に陸軍が兵士一人当りに供給した食品からのエネルギー量は一人当り一日約四〇〇〇キロカロリーであったが、民間人は約二二〇〇キロカロリーと半分、そして終戦直後の民間人摂取カロリーはさらに下がって一六八〇キロカロリーで、これは飢餓の水準に近いものであった。

以上のような事実を踏まえて、私は発酵学を修めてきた立場から戦争がもたらした発酵関連産業の動向をとても気にしていた。というのは、当時の日本人の食生活では、味噌、醤油、酒、漬物、納豆、日本独自のパンであるコッペパン、甘酒、味醂《みりん》、鰹節などの発酵食品が必要不可欠なものであったからである。また、発酵という目に見ることのできない微生物の生理作用を戦争に利用していたのではないか、という興味も抱いていたからである。そこで多くの文献をたどりながらそれらの方向から調べてみると、実にさまざまな事がわかったので、それをまとめたのが本書である。多くの人は「戦争」と「発酵」はまるで違った領域なので関係など無いのでは、と思うだろうが、実は発酵食品は戦争によって大きく変動し、さらに発酵現象は戦争に利用されたことなどがわかった。

さて「戦争」を『広辞苑』（岩波書店）で引くと「①たたかい。いくさ。合戦。②武力による国家間の闘争」とある。また『大百科事典』（平凡社）にはさらに詳しく、次のような解説が述べられている。「戦争とはある政治目的のために政治、経済、思想、軍事的な力を利用して行われる政治集団間の闘争である。それが組織的な破壊の企てであるかぎり、ひとの死を伴う」とある。

戦争についてはこれまで多くの政治家や戦略家、社会・人文学者たちがその定義を定めてきたが、そこにはなにほどかの真実が語られてはいるものの、同時に戦争の実態を全て汲み尽くすまでには至っていないように思われる。それは戦争があまりにも複雑な人と人、国と国との現象だからで、戦争はいかなる場所、いかなる時代にせよ、その時点の文明や社会の状態により内容が大きく左右されるからであり、従って戦争を一般的に定義したところで、全てを語ったことにはならないのかも知れない。

そこで端的に戦争とは何かを語れば、兵力による国家間の武力闘争あるいは一国内における内戦や反乱である。これを遂行するとなると巨額な戦費を伴い、国民は慢性的な租税の過重負担に陥っていく。その結果、生活にさまざまな制限が加わり、個人の尊厳を著しく蹂躙《じゆうりん》することにつながるのである。

例えば近代の大戦をみると、陸海空軍等の軍隊のみの武力戦だけでなく、一般国民を広く巻き込む総力戦の様相を呈するものとなっている。そうなると、謀略戦、経済戦、貿易戦、食糧戦、補給戦、精神戦なども包括しながら、社会や経済など幅広い分野に破壊的な影響を与える。そして国民の人的被害やインフラの破壊、経済活動や教育などまで阻害され、社会のあらゆる部分に物的、精神的被害を与えることになるのである。

第一次世界大戦や第二次世界大戦では、戦争はただの武力戦に終らず、国家がその経済力や技術力などの国力を総動員する「国家総力戦体制」となった。そのため全国民がそれに耐えなければならず、国民の生活も苦境に追い込まれていく。

どん底に落ちた日本人の食生活

満州事変（一九三一）以降一五年にわたる戦争の時代、戦地で戦ったのは日本軍の兵隊だったが、それを後ろで支えたのは日本国民であった。戦果を伝える報道に沸き立つ一方、家族や身近な人が召集され、物資も次第に乏しくなっていく。一九三七年に日中戦争が始まると近衛文麿内閣は「挙国一致」を国民に呼びかける。そして翌年（一九三八）「国家総動員法」が成立し、軍事力、経済力、人的能力のすべてを国が管理し投入する総力戦体制となって、国民の生活は一層締めつけられることになった。一九四〇年に大政翼賛会が結成され、同年組織された十戸を単位とした隣組を指導下に置いて、配給、伝達、防空、監視、防諜などの役割が課せられるようになった。一九四一年一二月のアメリカとの開戦を機に、大政翼賛会は活動の幅をさらに広げ、総動員体制はますます強圧的なものになっていく。例えば一九四二年には国は「金属回収令」を出して家庭から金属類は姿を消し、

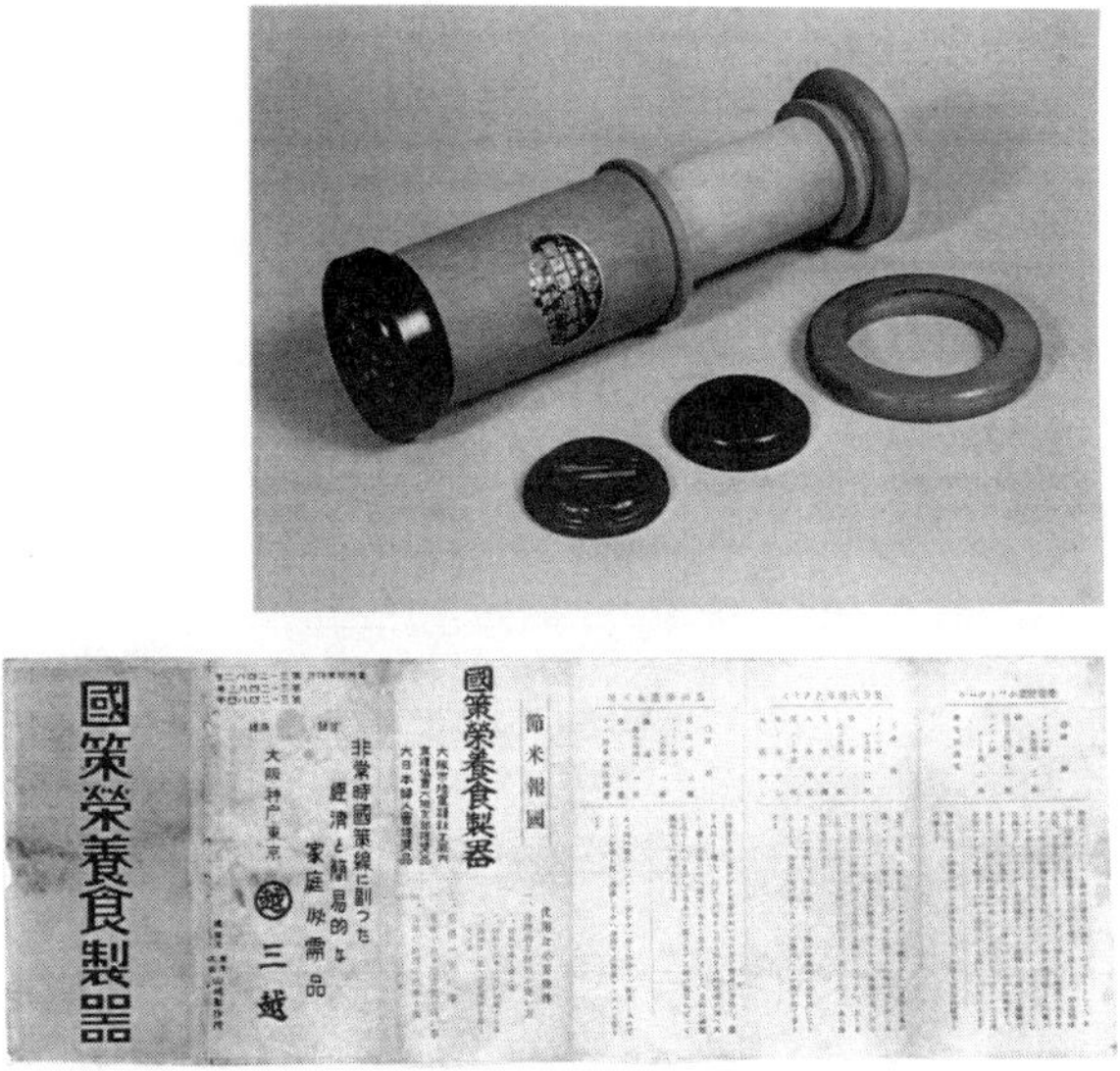

戦時中に売り出された「国策栄養食製器」。玉ネギ、ニンジン、大根をすりおろして味付けし、メリケン粉を加えて捏ね、この器具に入れて押し出したものを油で揚げると、「天下一品の海老の味が出ます」と説明している（『日本生活文化史（10）』河出書房新社より）

竹や木、陶器などを用いた代用品がほとんどとなった。

　戦争が始まると、日が経つにつれて国民の日常生活はさまざまな分野で統制が行われ、あらゆる面で軍需が優先されるようになる。「贅沢は敵だ」という標語が街にあふれ、戦費調達のため国債の買い取りや貯蓄が奨励された。一九三八年には綿糸や重油などが切符制となり、やがて米、砂糖、卵、醬油、味噌、塩、石鹼、煙草、野菜などは配給制となった。一九四二年からはほとんどの生活物資が配給制になり、配給通帳や配給切符なしでは物品を購入することができなくなった。一九四四年から一九四五年の終戦（敗戦）近くになると、米の代用品として小麦粉や大豆、芋、雑穀類が登場し、国民は空腹をかかえて勤労動員や農作業、食糧の調達に追われ、そのうえ頻繁に空襲警報が鳴って寝不足も加わり、いよいよ国民全体が疲れ果てていった。

「配給通帳制」は、国から支給された通帳を持参すれば配給所で商品を安価に購入できるという制度で、米を例にすると配給量は当初、大人一人当たり一日三三〇グラムであったが、一九四五年は大凶作と重なって配給量はそれまでの一割減となり、米の質もかなり低下した。一方「切符制」は、一人ずつ点数つきの切符が与えられ、交換所に行くとその点数内で物品を買うことができるという制度である。

献立の比較

献　立		食　品	喫食量(g)
朝	雑穀雑炊	米　豆	30
		とうもろこし	40
	おろし	だいこん	50
	ふだんそう	ふだんそう	70
		しょうゆ	5
昼	だんご	食用粉	70
		大豆	20
		食塩	1
	芋	じゃがいも	150
	春菊	春菊	40
夕	豆スープ	大豆	30
		食塩	2
	あしたば	あしたば	50
	だいこん漬	だいこん	30

（昭和20年『婦人之友』5月号）

戦前（昭和10年）と終戦直前（昭和20年）の食事

献立		食品	喫食量(g)
朝	ご飯	米	100
	みそ汁	みそ	20
		油揚げ	5
		ねぎ	10
	福神漬	福神漬	20
昼	野菜と牛肉煮しめ	牛肉（肩ロース）	50
		にんじん	30
		たまねぎ	100
		こんにゃく	50
		しょうゆ	20
		砂糖	8
	ご飯	米	130
	漬物	かぶ漬	50
		しょうゆ	10
夕	たちうお塩焼	たちうお	50
		食塩	1
		しょうゆ	5
	汁	豆腐	50
		のり	1
		しょうゆ	8
	ひたし	こまつな	70
		しょうゆ	3
	たくあん	たくあん	15
	ご飯	米	110
間	バナナ	バナナ	150

（昭和10年『婦人之友』8月号）

配給通帳と同様、切符は「買う権利」を示したもので、代金は必要となる。そしてついに戦争末期には、切符があっても現物が無いという事態が頻繁に起こった。

ここに昭和一九年当時の一般家庭の一日の献立例（『婦人之友』一月号）がある。この家庭は首都圏に住む六人家族（主人、主婦、小学生二人、幼児一人、お手伝い一人）、主人は会社勤めで、さしずめ中流家庭と推察できる。この食事がつくられたのは配給前日のため、材料が底をついた状態である。まず朝食は味噌汁（大根）とふりかけ、昼食は混ぜご飯（大根、里芋、ねぎ）、夕食は雑炊（大根、小松菜、ねぎ）である。蛋白質は極度に少なく、食生活はどん底であった。

昭和一九年にある地方の勤労青年団が作ったポスターが当時の食生活をよく物語っている。ポスターには「感謝の言葉」と赤文字で大きく書かれ、その下に三つの誓いの言葉が書かれている。

「一、お粥《かゆ》をすすって供出《きょうしゅつ》して戴いたお米です　農家の皆さん有難うございます
二、炎熱酷寒の中にも強く戦ひ抜いて得られたお米です　誓って粗末に致しません
三、腹一杯は勿体ない　誓って節米食ひ延《のば》し致します　有難うございます」

この中で当時の食事情を察知させるのは、一にある「お粥をすすって供出して戴いたお米です。農家の皆さん有難うございます」と書かれているところである。日本国中、どこの農家でも供出に苦しみながら、お粥や雑炊を食べて耐え忍んでいたことが凄まじいからである。そして「腹一杯は勿体ない」と節食を呼びかけている姿にも胸を打たれるのである。

とにかく戦争は悲惨である。経済も文化も教育も食糧生産も何もかも停滞させ、そして人の命までも奪ってしまうのだから残酷にして酷《むご》いものなのだ。本書では「発酵」という

人類の知恵と豊かな発想によってつくり上げられた発酵文化も、戦争によっていかに歪められまた利用されたのかについて検証をしてみることにした。

一方、「戦争」という言葉があるのと同じく日本には古くは「合戦《かっせん》」という言葉もある。『広辞苑』には「敵・味方が出合って戦うこと」あるいは「たたかい。いくさ」とある。また『日本大百科全書』（小学館）には「敵味方の両軍が軍場《いくさば》に出合って戦闘を交えること。合戦の語はすでに『将門記《しょうもんき》』にみえるが、戦闘の規模や方式は武器・武具の発達や時代の進展に伴って大きな変化を遂げた」ともある。さらに『精選版日本国語大辞典』（小学館）には合戦は「（「こうせん（かふせん）」の変化した語）敵味方が出会って戦うこと。戦い。戦闘」とある。

ということは合戦とは広義では戦争と同じであると解釈してもよいものと思う。従って本書では合戦の類に入るものもその範疇《はんちゅう》ととらえて日本国内の歴史の中から武士集団の争いや紛争、合戦などに関わる発酵食品の存在についても述べることとした。

発酵で有益な物質をつくり出す

次に「発酵」とは何かについても説明しておく。

目に見えない微生物の働きを応用して、人類は「発酵」という一大文化を創造してきた。それができた背景には、微生物の性質を知り抜いた知恵の集積があったからにほかならない。先人たちのたゆまぬ観察と豊かな発想から生まれた、この知恵の巧みさときたら、われわれ現代人の想像を遥かに超えるものがある。とにかく、発酵の世界は知れば知るほど素晴らしく、また愉しい。

『広辞苑』によると、「発酵」とは、「①一般に、酵母・細菌などの微生物が、有機化合物を分解してアルコール・有機酸・炭酸ガスなどを生じる過程。本態は酵素反応。酒・醤油・味噌、さらにビタミン・抗生物質などはこの作用を利用して製造する。狭義には、糖質が微生物によって酸素の関与なしに分解する現象を、また広義には、これと化学的に同じ反応過程である生体の代謝（解糖系など）、および微生物による物質生産を指す」とある。これはかなり専門的な説明で、一般の人にはなかなか理解しにくいであろう。また次のように記した書物もある。

「有機物が微生物の作用によって分解的に転化する現象。狭義には糖質が微生物によって無酸素的に分解することをいう。この現象は古くからアルコール飲料・パンその他のいわゆる醸造製品の製造に利用されてきた」（『岩波　生物学辞典』）。こちらも、やはり全体に難しいことが書いてあるが、ただ最後の「この現象は古くからアルコール飲料・パンその他のいわゆる醸造製品の製造に利用されてきた」というあたりになると、少々思いあたることがあるかもしれない。つまり、「微生物の作用による現象が、醸造製品の製造に利用できること」ということなら、味噌や酒、醤油、納豆、チーズなどの例が頭に浮かび、何となく「発酵」のイメージがつかめてくるからだ。

このように、「発酵」には、一般の人にはかなり難しい学問的な定義が与えられているが、本書ではそのような堅苦しい表現はとりあえず脇に置いておいて、要するに「微生物、またはそれらの酵素が、人間にとって有益な物質をつくり出したり有効な手段となったりすること」を発酵と言うことにしよう。

例えば、今ここに一本の牛乳があって、これの蓋をあけて数日間放置したとする。当然、この牛乳は空気中から侵入してきた腐敗菌によって汚染され、猛烈な悪臭が立ち、そこにはその腐敗菌の造った毒性物質が含まれることになる。これを飲めば嘔吐や下痢が引き起こされ、人間にとっては有益どころか有害となるのだから、これは「発酵」ではなく「腐敗」（「①有機物、特に蛋白質が細菌によって分解され、有毒な物質と悪臭ある気体を生じる変化」。『広辞苑』）である。

ところが、牛乳に乳酸菌という細菌が入り込み、数日間経ってみるとブヨブヨと凝固して、ヨーグルトのような、また柔らかいチーズのようなものになった。これを食べてみると爽やかな酸味とうま味があって、しばらくの間そのままにしておいても腐らない。これは、乳酸菌という細菌が作用して牛乳を一種の保存食に変えたばかりか、風味の点でも栄養の点でも格段に優れたものにしたわけで、それを総合的に考えると、人にとって価値ある有益なものに変えたのだから、この場合は「発酵」である。

あるいは大豆を例にとれば、大豆は煮てそのままにしておいたら腐敗菌の侵入で「腐敗」してしまう。しかし、これを食塩存在下で酵母や乳酸菌により「発酵」させると味噌や醤油となり、また納豆菌を繁殖させると納豆となるのである。それらのプロセスについては、後でくわしく述べよう。

さてその発酵を利用、応用した産業といえば、大方の読者は口に入るもの――チーズや納豆、味噌、醤油といった食べるもの、またはビールやワイン、日本酒といった酒類など――を連想されるであろうが、それらの発酵嗜好食品は今日の日本の発酵産業総生産額の実は二〇%を占めるにすぎない。

もっとも二〇%といっても、その中には、一社で数千億円も売り上げのあるビール会社が幾つもあるし、全国約一四〇〇軒もの日本酒メーカー、二〇〇〇社を超える味噌・醤油会社、九〇〇社近い漬物製造業、それに造酢会社、発酵乳製品会社、焼酎や味醂の会社、納豆会社などを含んでいる。それらの売上を合計すると数兆円にも達するが、それで二〇％であるから、発酵産業全体となれば、いかに規模が大きいかおわかりになるかと思う。

人類の未来を拓く発酵微生物

　では、発酵嗜好品以外の八〇％を占める発酵産業とは一体どんなものであろうか。発酵の世界の多様さを知っていただくために列記すると、各種アミノ酸類製造の発酵工業、アルコール発酵工業、有機酸の発酵工業、抗生物質等医薬品の発酵工業、化学製品の発酵産業、核酸関連物質の発酵工業、生理活性物質の発酵生産、糖類関連物質の発酵工業、酵素類（物質を合成したり分解したりすることのできる蛋白質）の発酵生産、微生物菌体蛋白質の発酵生産、炭化水素からの発酵物の生産、環境浄化発酵などとなる。

　この中で特に医薬品及び化学製品の発酵産業と酵素製剤の発酵生産、さらに環境浄化発酵が破竹の勢いで伸び続けており、二一世紀の花形産業となるのは間違いない。とにかく発酵は人類をこれまで豊かにしてきたばかりでなく、これからの人類の未来をも拓くものなのである。

　発酵の場はそれを司る微生物群で超過密の世界である。今、ここに熟して甘くておいしいブドウの実がある。これを皮付きのまま潰して容器に入れておき、一五時間ほどするとブツブツと炭酸ガスを吹き上げてアルコール発酵が開始される。それはブドウの皮に付着していたり、空気中に浮遊していた発酵力の強い酵母が侵入してきて、そこでひき起こす発酵現象で、そのままにしておくとブドウ酒が出来上る。

　発酵直前、このブドウの果実にはその一グラム中におよそ一〇万個ほどの酵母がいるのであるが、発酵が起こって二四時間後には四〇〇〇万個（約四〇〇倍）、そして四八時間後には二億個（約二〇〇〇倍）に増える。このように微生物は格好の生育環境下に入った時、一挙にその数を天文学的に増やしていく。このことはブドウ酒の例ばかりでなく、発酵現象の全てにおいて共通して見られることである。

　さらに身近なところでは、日本人が昔から大好きな漬物の一種である糠《ぬか》漬けの、あの発酵中の糠みその中にも実にさまざまな発酵微生物が犇《ひしめ》き合って生きている。ある研究報告によると、糠みそ一グラム（大体小さじに軽く一杯ぐらい）の中には、生きて活動している乳酸菌が約八〜一〇億個（微生物はそれぞれがひとつの単細胞から成っているので、何匹という表現ではなく、細胞を何個と数えるのと同じように「個」を付けて数を示している）、その他の細菌や酵母も約一億個以上生息しているという。

たったの一グラムというわずかな糠みその中に、日本の人口の八倍もの乳酸菌と、日本の人口に匹敵するほどの数の細菌や酵母が存在していて、さまざまな様式で生活しているのであるからまったく不思議な世界であり、感動的である。

こうして考えると、広大な宇宙の星の数が無限であるのと同じく、微細すぎて目にすることのできない地球上の発酵微生物の数もまた無限であることに気づくのである。

本書では、その「発酵」という生命現象でつくられた発酵食品が、いかに戦争時に国民生活の中で用いられ、耐乏にともない変化していったか、さらには発酵という微細生物の働きを利用して幾つかの軍需物資をつくった人間の発想などについて述べるものである。

発酵食品と戦争◎目次

はじめに　3

第一章　戦時下の発酵食品　25

一　納豆
二　味噌
三　醤油
四　食酢
五　漬物
六　食パン
七　鰹節
八　チーズ
九　甘酒
十　チョコレート
十一　紅茶
十二　缶詰

十三　軍隊調理法

第二章　戦時下の酒　139
一　日本酒
二　焼酎
三　泡盛
四　ビール
五　ワイン
六　ウイスキー
七　酒保
八　密造酒

第三章　戦争と知られざる発酵　185
一　小便から発酵で爆薬をつくる
二　発酵で爆薬ニトログリセリンを生産

三　芋を発酵させて爆撃機の燃料をつくる
四　傷病兵のための抗生物質の発酵生産
五　海藻を発酵させて軍需用品の沃素をつくる
六　戦争と堆肥
七　戦争と柿渋

第四章　ウクライナとロシアの発酵嗜好品　223
一　ウクライナとロシアの伝統発酵料理
二　ウクライナのワイン
三　ロシアのワイン
四　ジョージアのワイン

あとがき　246

主要参考文献　248

第一章　戦時下の発酵食品

一　納豆

納豆と戦争にまつわる秘話は実に多い。先ずはその発祥についても諸説紛々である。納豆は栄養豊富でスタミナ源の蛋白質は一五～一八％もあり、また消化吸収がよく、直ぐにエネルギーに変わり、その上腐りにくいので携帯食にもなり、戦《いくさ》や戦争においては理想的な兵糧となるからでもあるだろう。平安時代後期の「前九年の役」（一〇五一～一〇六二）や「後三年の役」（一〇八三～一〇八七）など奥州での戦いで最も名前が挙がるのが源義家、またの名を八幡《はちまん》太郎。その彼が安倍貞任《あべのさだとう》に勝利したものの、途中で一時大きく苦戦する。しかもこの時は奥州が凶作であったので、兵糧不足にも悩まされ、一時は乗馬も殺して食らうほどだった。その中で出現したという納豆は思わぬ助け舟となった。

その経緯《いきさつ》は、こうだ。陣中で馬の餌用に大豆を煮ていたところ、敵の夜襲を受け、急いで大豆を俵に詰め馬の背に括《くく》りつけて退却した。翌日に俵を開けてみると妙な臭いとネバネバとした糸引き状態の豆に変っていた。馬の体温が納豆菌の繁殖をうながしたのであるが、その納豆菌は稲藁《いなわら》でつくった俵に付着している。腹を空かせた兵士たちが、背に腹は代えられぬ、と恐る恐る食べてみると、それがこれまで味わったことのないほど美味であった。それを知った義家は、以後その不思議な豆を大切な兵糧として重用した。

一方、この話に似たものとして、義家軍が兵糧不足のため近隣の住民に食糧提供を命じたところ、その中に稲藁に包まれてきた煮大豆があり、それが納豆に仕上っていた、というのがある。また、九州納豆説というのもある。前九年の役で敗れ討たれた安倍貞任の弟である安倍宗任《むねとう》は捕えられて京に送られた後、伊予（今の愛媛県）に流され、さらに九州の大宰府に移され、そこで仏門に入り僧となった。その頃郷里で食べた納豆の美味しさを思い出し、それをつくって食べたところ、その美味しさと懐かしさのために涙したという。そこで近隣住民に納豆づくりを教え、食べさせたところ、その旨さが評判となりこれがやがて今の福岡県全域、熊本県山鹿地方、大分県日田地方などに広まった、という説である。

時代は後に移って豊臣秀吉の朝鮮征服のための「文禄・慶長の役」（一五九二〜一五九八）で加藤清正が朝鮮に遠征中に兵が食べ残した大豆の煮豆を俵に詰めて馬の背に乗せておいたら、例によって馬の体温に蒸《む》されてとても妙なる匂いと糸を引く美味しい豆となった。これを兵隊に食べさせたところ、士気高まり元気が出るということがわかり、清正軍は熊本に帰郷した後もこれをつくって広まった、という説もある。この豆がいつしか「香る豆」と呼ばれるようになり、これが訛《なま》って「こるまめ」と呼ばれ、さらに塩を振って乾燥させ、より一層遠征用の兵糧として持ち運びやすくした、という説もある。

その「こるまめ」はその後「干し納豆」として定着した。この塩を加えて干した納豆は、栄養の詰まった保存食品であるので、後の日清戦争、日露戦争では日本軍は戦地に必ず携行して成果をあげた。

昭和一六年（一九四一）一二月八日の真珠湾攻撃に向けて出港した連合艦隊の各艦内では、海上生活用食料として納豆づくりが盛んに行われていた。開戦前に軍部は食事担当兵を納豆屋に派遣してそのつくり方を習得させていたという。その頃の軍艦や輸送艦の機関室は大変に換気が悪く、室温は四〇℃以上もあり、また湿度も高かった。この環境であると、納豆菌の繁殖には理想的であるから、バケツか盥《たらい》、半切桶のような大型の容器に納豆菌の種《たね》をまぶした煮大豆を入れておけば、何の苦もなく納豆ができたのである。

ところで、第二次世界大戦中、大日本帝国海軍の軍医長をしていた江口有《えぐちたもつ》博士（海軍軍医大佐）は、納豆の研究でも第一人者であった。大戦中の昭和一七年（一九四二）に行われた「納豆の普及が現下の急務」という講演では、納豆がいかに優れた食べものであるかを述べている。それを要約すると次のようである。

一、米の副食物として肉や魚を用いても、脂肪を別に補わなければならないときもあるが、大豆ならただの一種で蛋白質と脂肪を供給できる。従って納豆には米と肉と魚をいっしょにしたような効果がある。

二、納豆に付着している納豆菌は、さまざまな有害菌に対してすぐれた抗菌作用を持っているが、特に効果的なのは赤痢菌やチフス菌などである。これらの病気の予防には、大いに活用すべきである。

三、納豆は少量を用いれば、その風味と生菌効果によって食欲を増し、消化を助ける。多量に用いるときは、大豆の三大栄養素（蛋白質、脂質、炭水化物）によって、米飯を節約し、カロリーの生産に役立つ。

四、このように納豆は優れた食品であるから、健康増進に役立てよう。

陸軍、海軍を問わず関西や四国、中国、九州地方の出身者は、最初は気味悪がってなかなか口にしなかったそうだが、一度食べてみるとそのうまさにすっかりはまり込んで納豆を食べ慣れてきた東北出身の兵よりも熱心に納豆の出る日を待ち望んだというエピソードも語られている。

ここに昭和一一年（一九三六）生まれの下鳥文雄さんという人の「戦争中の生活」とい

う手記がある。
「私は昭和一七年四月、国民学校（今の小学校）に入学しました。前年の一二月八日、日本軍はハワイの真珠湾米軍基地を空襲し、太平洋戦争が始まりました。学校生活も戦争の影響を強く受けていたと思います。朝礼の校長先生のお話は、日本軍がアメリカ軍やイギリス軍に勝ったという話が中心でした。やがて、日本軍の戦況が悪くなってくると、食料が配給になりました。お米はキップを持っていかないと買えませんでした。足りない分は近在の農家などに買い出しに行って手に入れました。祖母や母のタンスの中の着物はどんどんお米と交換されていきました。お金の値打ちがなくなり、物々交換でなければ食物を手に入れることは難しくなっていました。豆腐は貴重な蛋白源で、売り切れないうちにと朝暗いうちから買いに行きました。長い行列ができていました。こたつで納豆を作るので、こたつ布団をめくると納豆のにおいがしました。白いご飯を腹一杯食べられたらなあというのが、その頃の最大の願望でした」

また別の人の手記に、「戦時中の食糧不足でお金で買って手に入れることが難しくなった。それでだろうが、戦争が激化するにともない、それとなく祖母が納豆づくりを始めた。何とか手に入れた大豆を蒸し、それを稲藁でつくった苞《つと》の中に入れ、風呂敷で包み、それを炬《こ》燵《たつ》の中に入れ（もちろん直接火の当たらないところ）、その脇に湯たんぽを置いて一晩半から二晩置いておくとよく糸を引き、匂いも豊かなおいしい納豆ができた」というのもある。

稲藁の苞《つと》で納豆づくり（『日本の食生活全集』農文協より）

このように戦時中の苦しい生活の中で、納豆を食べたいという国民の願望は実によくわかる。そしてそれが統制経済の下、買うことが極めて難しいということになると、あとは自分たちでつくるしかない。こうして炬燵に入れてつくる藁苞納豆は、東京は勿論、北海道、東北地方、信越、東海、北陸といったおもに北の地方の家庭でつくられ、苦しい中でも美味しい納豆をそれぞれに確保していたのである。

当時の炬燵納豆のつくり方は地域によって諸説はあるが、蒸した大豆を稲藁を括ってつくった苞で包み、風呂敷や毛布、敷布などに包み込み、それを炬燵の中に入れて、大体四〇～四二℃ぐらいの温度に保ち、三〇～三五時間ほど置いておくと、稲藁に付着していた納豆菌が大豆に移行し、増殖することによって発酵が起り、納豆ができ上るのである。

街には終戦直後に、すでに納豆の製造、販売を主目的とする納豆屋が復活し、出来た納豆は藁苞に納めたままか、藁苞から取り出し、経木《きょうぎ》（杉や檜《ひのき》、松などの木材を紙のように薄く削ったもの）で包んだ。また、煮大豆に納豆の種菌《たね》を加え、それをはじめから経木に包んで発酵させたものもあった。種菌は、前回に出来上った納豆には多量の納豆菌が付着しているので、それを使った。

また隣組同士で集団的に大量の納豆をつくり、それを分け合った例もある。例えば茨城県北西部の久慈郡大子町《だいご》の里山や、熊本県山鹿市の里山あたりでつくられたもので、そのつくり方は非常にユニークかつ合理的である。田圃《たんぼ》か畑あるいは庭の隅の方に深さ一～一・五メートルぐらいの大きな穴を掘り、その穴の底に稲藁をぶ厚く敷く。また穴の内壁は蓆《むしろ》で被《おお》って土壁を遮《さえぎ》る。その穴に煮た大豆を投入して層をつくり、その大豆層の上にまた稲藁を被せてから、煮た大豆をさらに投入する。こうして底から上に向けて稲藁↓煮大豆↓稲藁↓煮大豆↓稲藁↓煮大豆と積み重ねて行って、一番上に稲藁の層をぶ厚く置く。そしてその上に土を被せて地表の高さまで埋め戻す。これで土中への納豆の仕込みは終りで、次に枯葉などを集めてきてその穴の上で焚火《たきび》をし、その火の上に今度は太い生木の薪を何本もゴロゴロと置くのである。そうすることにより、その薪に火が移って燃えるが、生木なので直ぐに燃え尽きることはなく、相当長い時間燻《くすぶ》りながら熾《おこ》っているのである。するとその火によって下の土は温められ、その熱が下の穴まで伝わって、納豆菌の繁殖をうながすのである。そして五日後には、穴の中に美味しい納豆ができ上り、それを掘り出してこの作業に携わった人たちに均等に分けるのであった。

　昭和一六年（一九四一）、納豆の原料である大豆は満州大豆の記録的不作と、東北、北海道も冷害で大凶作となり、例えば北海道大豆は平年作一五〇万俵のところ、たったの二万俵しか穫れなかった。このため政府は、同年一〇月一〇日に内地産大豆の集荷配給統制を実施した。これに対し原料大豆の配給斡旋を行ってきた全国納豆工業組合聯合会は、原料大豆の確保のため政治折衝が必要だとして、一一月五日に仙台で全国納豆工業組合協会（以下「全納協」）の設立総会を開き、直ちに大豆原料獲得作戦の展開を始めた。

　そして全納協は一二月一〇日、会長名で農林省に「大豆配給割当について」の陳情書を提出した。ところが時すでに遅しであった。その日は太平洋戦争突入二日後で、世情も騒然としていたため陳情の成否は望み薄であった。しかし全納協は望みを捨てず、昭和一七年二月に衆議院議長宛てに「納豆製造用大豆配給ニ関スル請願書」を提出した。この時には一七名の賛助国会議員も名を連ねている。

　これに対して農林省は「大豆は重要な蛋白源であるので、国民に均等公平に配分する必要がある。ところが納豆は東北と関東で食べられているものであるから全納協の要望を認めると、東北と関東にだけ大豆を余分に配給する結果となる」との見解を示し、陳情の目的は一旦は達せられなかった。

　ところが、東北地方に展開する陸軍部隊は、軍への配給分の大豆を地元の納豆業者にまわし、自分たちで食べる納豆をつくらせ始めたのである。また所沢陸海軍共同飛行隊や霞ヶ浦海軍航空隊、習志野陸軍空挺隊などでは、「納豆は携帯と保存用の食糧」として、その必要性を訴え、納豆を特別扱いとして用いていた。加えて、海軍軍医大佐の江口有博士が「納豆は伝染病の予防治療に効果がある栄養食品である」との研究結果を発表した。これらのタイミングがまさに全納協の陳情とぴったりと重なり合ったので、衆議院ではこの全納協の請願を採択、可決して、何とか満州大豆を輸入して納豆の原料にまわすことが決まったのである。

農林省はこれに即応して全納協の主張を受け入れ、「大豆配給機構」を改正し、納豆の大豆もその対象内とした。これに合わせて軍隊も、今後は自分たちでも納豆をつくって食べられるようにと動き出した。その経緯としては次のような記事が残っている。

「第二次大戦での軍糧秣《りょうまつ》としては、昭和一六年九月から一〇月に舞鶴海軍軍需部から海上生活用食糧としての納豆製造法実習のため、担当兵曹長が井上食品に派遣された。この担当者がその直後に乗ったのが真珠湾攻撃の連合艦隊で、大豆と納豆菌を積み込んで艦艇内で納豆をつくった」

ところで全納協が命運をかけた農林省への陳情文が残っており、その要旨は次のようなものである。

「納豆ヲ豆腐ト同等ニ認ムル理由

一、豆腐ノ蛋白質十匁ノ価格十四銭ニシテ納豆ハ九銭八厘ナリ

一、納豆ハ大豆ノ全成分ヲ保有シ而カモソレカ消化シ易キ状態ニアリ

一、納豆ハ保存ニ適シ携帯ニ便ナリ

一、納豆ハ食用簡便ニシテ塩ニテ調味食用スルヲ得
一、故ニ場合ニヨリテハ頗《すこぶ》ル便宜ナル食品ナリ
一、発酵食料ニシテ何物カ有力成分ヲ有スルカ如ク悪疫流行ノ際其ノ予防的効果アリトセラレ陸海軍ニテハ之カ食用ヲ推奨ス
一、近年学者ノ研究ニヨリ以上ノ特長納豆栄養価値確メラレ夫《そ》レ等学者ノ推奨ニヨリ食用広ク行ハレルニ至レリ
一、元来東北人ハ納豆ヲ嗜好シ納豆ヲ元気ヲ付ケル食料トシテ田植時ノ食用ニ供スル等習ハシアルガ右学者ノ研究結果ヲ肯定シ盛ンニ食用スルニ至リ今ヤ一般民衆ニハ欠クベカラサル栄養副食物トナレリ
以上ノ理由ニヨリ納豆ハ豆腐ニ優ルトモ劣ラサル食物ナルコトヲ信スルモノナリ」

戦争が激化した昭和一八年、政府は六大都市の冬期食糧確保対策を立てて、全国の生産地に品目を挙げて出荷命令を出した。ところが、米、麦をはじめ副食の豆腐、油揚、味噌、醤油、コンニャクなどはその対象とされたが、納豆がなかった。「これはおかしなことだ。納豆こそ指定品目に加えなければならない」との声が業界や政界のあちこちから上がり、

一部の代議士や関係する地方の県会議員らの働きかけもあって、農林省は東京都民の冬期食糧確保対策の品目に納豆を加えた。その割当大豆量は一八三〇トンであった。

この割当られた大豆での納豆の生産は、東京以北の各県にある納豆製造業者に委託され、その納豆は東京全域と神奈川の一部の人々に配給された。しかし相変わらずの原料大豆の不足から、冬期食糧確保対策はこの一回限りで中断してしまい、その後は学童給食用と軍需工場勤労者用のためだけの納豆製造となった。こうして原料大豆の獲得も更なる戦局の悪化で滞ってしまい、以後は軍用の納豆製造を除いて全て不可能となり、昭和一九年秋には、国民向け納豆製造が休止の状態に陥ったのである。

ところで「愛国納豆売り」というのが戦前・戦中にあった。納豆は朝食だけに食べるものとの習慣があったので、納豆売りは「ナットー、ナットー」と売り声を上げて朝の一～二時間、売り歩く。その納豆売りの多くが少女たちで、売り上げたお金で慰問袋をつくり、出征した兵士たちに贈った。その風景を京都日出新聞（京都新聞の前身）が昭和一四年五月一日の紙面で取り上げている。その見出しが、「少女小説を地で行く　早朝の〝愛国納豆〟売り　慰問袋にこめる純情」である。そして本文には「清浄な早朝の空気をゆるがせて街々に流れ出るラヂオ体操の軽快なメロデーに愉快な今日の第一頁が繰りひろげられるとき、街の人々の耳をつく可憐な少女の納豆売りの呼び声!! 〝納豆う……〟〝納豆う……〟上京区紫竹牛若町第一待鳳校区内の早朝を雨が降る日も寒い日も、可憐な少女の呼び声を聞かない日はなかった。〝愛国納豆〟と書かれた白い襷《たすき》がけの納豆売りの二少女の美しくも純情な魂が、街の人々の胸に大きな感激の波紋となって響き渡り、一本でもいい、買ってご奉公の一端を負わせてもらいたい、と売るもの、買うもの真心の色どりで早朝の街に美しい感激の風景を描いている」。

この日に売れた納豆は約三〇本とあり、毎日これぐらいは売れるのである。二ヶ月ほどで二〇〇〇本近く売れ、その純益金で慰問袋をつくり、地元から出征した兵士たちに贈ったのである。この少女たちの姿を見て、そのうちに愛国納豆売りは全国各地の少年少女たちによっても行われるようになり、慰問袋を戦地に贈る風潮が高まった。

全納協は、納豆製造が思うままにならない戦時中でも、納豆の素晴らしさを世間に知ってもらうための運動を行っていた。昭和一七年の総会冒頭の講演会では、海軍軍医大佐江口有医学博士が「納豆の普及が現下の急務」と題して講話している。江口博士は、それまでの誤った納豆軽視論を論破し、納豆は単なる嗜好食品ではなく、栄養価からみても最高の食品であると同時に、伝染病の予防にも効果があるとその効用を説いている。講演の中では、大豆から人造絹糸の代用品をつくったり、油を絞り取ったりすることを激しく非難し、大豆こそ非常時対策食品として保存し、それを納豆にすれば国民の栄養確保が出来ると力説している。特に伝染病の予防では赤痢菌やチフス菌に対しての実験と有馬海軍軍医中佐や中野海軍軍医少佐の臨床実験もあわせて発表し、治療に著効あり、と納豆の真価を訴えている。

その後、終戦を迎えたときには納豆業界でも戦火に追われたものが多く、工場や家を焼失して納豆づくりどころではなかった。そんな中でも、それまでの技術を生かして工夫しながら納豆づくりを再開する者も出てきた。原料は多くがヤミ大豆に頼り、なかには自分で畑を耕してつくる業者も現れた。そして終戦から三ヶ月、納豆業界は戦後の新しい道を模索して、一一月に新潟で全納協の総会を再開した。

その一方で深刻な食糧難が国民を襲い、各地に闇市が出現した。都会人は家族を守るために物々交換をしようと貴金属や晴れ着などを持って、食べ物を求めて近郊農村に出かけたりした。その年の一一月一日には東京の日比谷公園で「餓死対策国民大会」が開催されたほどで、都市部を中心に餓死者が出る状況であった。そのような状況下で、進駐軍の中に日本人の栄養状態の悪さに心を痛めるアメリカ軍人がいた。

進駐軍とは正式名称を「連合国軍最高司令官総司令部」（略称ＧＨＱ）といい、第二次世界大戦終結に伴うポツダム宣言を執行するために日本で占領政策を実施した連合国軍機関であるが、当時、日本へ進駐したＧＨＱの公衆衛生福祉局栄養部長ポール・Ｅ・ハウ大佐は農林省のずさんな食糧復興計画を見て落胆し、自ら日本人の食文化を研究して納豆に注目、納豆を研究する学者や業界から情報を集めていた。ハウ大佐は「日本人に必要な栄養を最も経済的に手近に求めるには納豆が一番である」という意見を持っていた。ＧＨＱの栄養部長は日本の食糧政策の全権を握る要職であったので、持論をさらに固めるためにハウ大佐は昭和二二年（一九四七）八月に彼自身が仙台まで出掛け、東北大学医学部の近藤正二教授と会い、納豆の効用を調べている。

こうして我が国の政府もＧＨＱと共に食糧危機対策に納豆を取り上げ、あとは必要な資料が集まればＧＨＱはアメリカに大豆の緊急輸出を要請するという段階に至った。ところが何と不運にも昭和二三年に福島県でサルモネラ菌による納豆中毒事件が発生し、患者数六三〇人、うち死亡三〇人という大災禍となった。原因は稲藁《いなわら》がサルモネラ菌によって汚染されていたことによるものだった。直ちにＧＨＱは納豆生産の中止命令を出した。急遽、全納協や各県の納豆生産組合では、事件再発防止のために製造工場の衛生強化を図った。

そのため工場設備の衛生管理は徹底し、他の食品業界に先駆けて衛生的な設備を備えた工場を持つ納豆業界が出来上がった。

降って湧いたような事態に驚愕する納豆業界にも増して、この事件で当惑したのは農林省以上に日本人の納豆に理解を示していたＧＨＱであった。しかしかねてから納豆の研究でＧＨＱと接触していた東北大学の近藤正二教授や宇都宮高等農林学校（宇都宮大学農学部の前身）の山崎百治教授らの「中毒を起したのは納豆そのものでなく、その工場の衛生管理の欠如にあり、業界共通や業界全体の問題ではない」という交渉での説明に、ＧＨＱはようやく納得し、業界への納豆製造中止命令を解除した。

全納協は直ちに組織を挙げてＧＨＱからさらなる理解と支援を得るための「ＧＨＱ懐柔作戦」を展開する。先ず戦時中の統制時代に農林省や国会の関係者を説得してきた経験と、それに関する資料が残っていたので、農林省の役人や大学教授らに依頼してＧＨＱ向けの納豆説明書をつくった。そのタイトルが「納豆（大豆チーズ SOY BEAN CHEESE）について」であった。外国人に納豆を身近な食品と感じてもらうために「納豆はチーズである」としたのである。確かに納豆は大豆蛋白質を、チーズは牛乳の蛋白質を主体に発酵させたものではあるが、発酵菌は納豆は納豆菌、チーズは乳酸菌であるのでこの説明はかなり無理がある。その上、納豆の匂いとチーズの匂いにも大きな隔たりがあり、さらに納豆はベタベタと粘質性の糸を引くがチーズにはない。

この説明書の内容は、古くから日本人の副食物だった納豆の「起源とその普及状態」を述べ、また納豆菌を使って清潔な工場でつくる「納豆の製造法」の解説に力を入れている。さらに、外国人が納豆を身近な食品と感じるために、チーズに勝る大豆チーズが納豆だとして、「納豆の高栄養価」を訴え、この大豆チーズを食べると、これだけの栄養効果があるという研究データまで付している。その上、「納豆と児童の栄養」についても述べ、最後に他の食品に比べての「納豆の経済的価値」についても論じている。とにかく納豆の素晴らしさや将来性について力のこもった英文で綴られているのである。

そしてこの説明書で理論武装した全納協は、あとは日本人的な人情論で攻めようと、三役員が主になってGHQ本部に日参する波状攻撃的陳情を行い、ついに担当官に大豆原料の日本への輸出を認めさせたのである。「納豆は大豆チーズ」という奇手ともいえるロジックでGHQの説得に成功した、全納協の勝利であった。

二　味噌

第二次世界大戦下では、食糧は全て配給制となり国民の栄養状態は貧弱を極めた。特に主食となる米は先ず軍隊用に確保され、一部高級役人に横流しされることもあり、生産農家の自家保有米や一般庶民の配給には厳しい査検が及んだ。そのような状況下で味噌も配給制となり、庶民の食生活はいよいよ限られたものとなってきた。しかし、兵士の活力に及ぼす味噌の力を軍部はよく知っていて、苦しいながらも軍隊への味噌の供給は優先事項としていた。

ここに興味ある記録『海軍主計兵調理術教科書』がある。それによると海軍の味噌汁は一人分一日当り味噌六〇グラムと記されていて、別の『軍隊調理法』には代表的な味噌汁調理法が記されている。それによると、一人分で豆腐八〇グラム、ネギ一〇〇グラム、削りぶし四グラム（または煮干粉二グラム）、味噌六〇グラム（または粉味噌三〇グラム）が材料。豆腐は細かく、ネギは三センチぐらいに切り、擂《す》り味噌、粉味噌はそのまま、粒味噌は肉挽き器にかけておく。鍋に三五〇ミリリットルの水を煮立て、削りぶしと味噌を入れて攪拌し、ひと沸かししてネギ、豆腐を加え、さらにひと沸かしして火から下ろす、と親切に味噌汁のつくり方を教授している。

ここに出てくる「粉味噌」は、軍用の携帯味噌として日露戦争当時に試作され、その後、日中戦争、そして太平洋戦争で実用化されたもので、今日の即席味噌汁に使われる乾燥味噌の前身に当たる。この携帯味噌の経緯が長野県味噌工業協同組合連合会による『信州味噌の歴史』に詳しく記されている。

それを要約すると、その生産に主に携わったのが長野県の味噌工場で、満州事変（一九三一）に際して軍部は、戦地に送り出すビタミン源の野菜、蛋白質補給のための味噌の乾燥について検討し、乾燥野菜は成功させたが、生味噌については成功に至らなかった。そこで一度味噌を圧縮して水分三〇％までの半乾燥にし、煉瓦状の固形物につくりあげた。それにもうひと工夫を加えて粉味噌としたところ成功。その粉味噌に若布《わかめ》、麩《ふ》、味の素を混ぜて三〇グラムずつの小袋に納めた携帯味噌が完成したのである。

これが兵士たちの間で大評判となり、昭和一六年（一九四一）から本格的に生産を始めるために全国各地の味噌醸造家から生味噌を買い上げ、長野県下十数ヶ所の工場で生産し軍部に納入したという。軍部からはその見返りに、すでに欠乏していた原材料の大豆や塩もふんだんに送り込まれたということである。

戦時中、社会的にも家庭の味噌は不足し続けて、すでに配給制であった。味噌を供給する側の味噌醸造家も、原料の大豆は公定価格では手に入らず、仕方なく闇値で高く買わなければ製造が続けられないという非常事態に陥っていた。その大豆不足の背景には、唯一の頼みの綱であった満州大豆の不作、また同盟国であるドイツへの輸出、軍需用途への供出量の増加などがあった。そのため昭和一六年以降、味噌業界への割当ては減少の一途をたどる。

　また国産大豆は豆腐や納豆など国民の食糧にも充てられ、さらに飼料へも回されるなどで入手の見込みは立たず、朝鮮大豆も朝鮮内の自給自足分だけで日本へ送る余裕もない。この八方塞がりの状態に当局は、大豆については脱脂大豆の代用、米味噌や麦味噌用の米や麦についてはトウモロコシで代用するよう指示したのである。脱脂大豆とは、丸大豆を搾って大豆油をとった後の大豆かすのことである。

　一方政府は、国民の生活必需物資確保のために配給機構の整備を図った。当局の方針は、中央に全国味噌統制会社、地方に地方味噌統制会社を設立することであった。そして、道府県で生産された味噌の全量を道府県味噌統制会社が買い上げ、自家醸造したものも自由に売買はできなくなった。それらは一旦すべて中央の全国味噌統制会社に売り渡し、その中から道府県内で消費する分をそれぞれの道府県味噌統制会社に売り、さらに小売部門に売却するのである。移出入については全国味噌統制会社が出荷指令を出すが、地方と中央の売り渡しについては書類上で処理するというものである。

こうして全国味噌統制株式会社が昭和一六年（一九四一）一一月に事業を開始した。第二次世界大戦開戦の一ヶ月前のことである。この試みは一応成功した。従来各地にあった味噌工業組合は味噌生産部門の機能を果たし、全国味噌統制株式会社は味噌の販売部門を担当し、配給が円滑に行われるようになった。しかしその反面、よくよく考えてみるとこの生産と配給の二本建ての機構こそは、完全な統制品目として味噌業界が崖っぷちに追いやられた姿であった。


昭和一九年（一九四四）、国家総動員体制に追い込まれた日本経済の混乱は産業界に激震をもたらし、また物価の高騰と物資の欠乏により国民生活が厳しく切迫してきた。日増しに激しくなる本土空襲の下で、味噌業界も甚大な損害を被り始める。

全国味噌統制株式会社の本社は昭和二〇年三月に罹災し、各地方の統制会社も罹災したもの二六社、全国の味噌製造業者で罹災したもの四六四工場と、その深刻さは計り知れないものとなった。これでは正常な味噌の配給が実施されるはずもない。しかし、それでも全国味噌統制会社は原料大豆や米、麦、塩の取得と価格の改定を当局に陳情し続けた。その必死の要望が叶って、それらの一部が認められたのが同年八月三〇日。何と日本がポツダム宣言を受諾して無条件降伏をした一五日後であった。

それに先立つ敗戦の一〇日後から、早くも全国味噌統制会社は役員会を開き、農林省に大豆取得に関する陳情を行った。しかし終戦により満州大豆の輸入は期待できない。それまでの味噌用大豆の九五％は満州大豆に頼っていたし、国産大豆などあるわけがない。そこで業界は最後の頼みの貴族院食糧委員会に直談判し、何とか満州大豆の再輸入ができないかと懇請したが、逆に農林省は応急処置としてサツマイモやジャガイモを使って味噌を増産するよう通達した。

ところでここでも面白い話が残されている。長野県の味噌の生産だけは少し事情が違っていたというのだ。それは、前に述べた軍用乾燥味噌への協力と成功の見返りに、当局が大豆と塩を長野県に送っていたのを月別生産実績に応じた塩の配給制に変えておいたのである。それが戦後の生産に直ぐに役立ち、限られた量ではあったが、混乱の中、渇望していた国民のために味噌を供給することにつながったのである。また、敵の本土上陸に備えて、日本政府の中枢機能と大本営の移転先を長野県の松代の地と決め、松代城下の山中に延々とトンネルを掘りめぐらせる計画に着手していた。そしてこのトンネルをはじめ近辺の村々の倉庫にまで、あらゆる物資を運び込んでいたのである。

　なぜ松代が選ばれたのかには幾つかの理由があった。先ず東京から遠く離れ、近くに飛行場（当時あった長野飛行場）があること、地質的に強く硬い岩盤があること、山に囲まれている上に、将来を見越して都合のよい広さがあること。労働力が確保しやすいこと。そして「信州」は「神州」に通じること、といったものである。

　軍部はここに建築資材や工作機器、衣類、反物、食糧などの生活物資のほか、多くの物資を運び込んだが、敢えなく終戦となってしまった。そこで終戦とともにこれを民間に払い下げたのであったが、長野県農業会が買い受けた物資の中から大豆約一四一〇トン、脱脂大豆約一一二トンが出てきたのである。その大豆は直ちに県下の味噌醸造家に分配されて、それで味噌を仕込み東京などへも出荷し、信州味噌の評判を上げる一因となった。

　以上、戦時中から終戦までの味噌の動向をありのままに述べた。今日、味噌は何不自由なくつくられ、流通し、そして消費されている。しかし、戦争は私たちの日常生活の上で最も大切な食料まで、このような悲惨な状況に追い込むのであるから、この苦しかった教訓をいつまでも忘れることなく、決して二度とこの不幸な過ちを犯してはならない。

そして味噌はまた、昔の日本の戦《いくさ》においても重要な戦略物資であった。

室町時代の応仁の乱（一四六七～一四七七）以後、この国は戦国の世になり、諸大名は戦場における兵糧の確保に重大な関心を持った。とにかく兵を勇猛闊達に動かすためには、何といっても食事は重要なことで、何を食べさせるかで兵の戦闘能力も決まり、結局は勝敗を左右しかねない問題に直結するからである。

その陣中食料の首座に置くものが三つあって、そのひとつは飯《めし》や団子のような炭水化物源である。これが体に入ると、ぶどう糖に変化し、生きていくためのエネルギー（熱源）になるのである。もうひとつが蛋白質を非常に多く含む味噌で、これが体に供給されると、アミノ酸に変化し、スタミナ（活力源）となるのである。そして三つめは生命そのものを支える塩ということになるが、これは味噌に充分含まれているから、そちらから摂取することができる。

味噌の原料は大豆で、これには何と一七％もの蛋白質が含まれている。和牛肉の蛋白質含有量は一七～一八％であることから見ても、大豆は畑の牛肉であり、味噌も大豆でつくるから、こちらは発酵牛肉と考えてよいのである。長期にわたる遠征では、その途上で調達したようで、例えば豊臣秀吉は高値で農民から買い取り、また武田信玄は甲斐の国全域や信濃路や駿河路に通じる街道筋に広く大豆の増産を図って、味噌づくりを奨励した。また伊達政宗は兵糧用として仙台青葉城下に御《お》塩噌《えんそ》蔵（味噌蔵）を設け、行軍に際してその蔵の味噌を携行させた。秀吉の朝鮮出兵の際にも、政宗は仙台から味噌を供出したが、戦地では他藩の味噌が腐敗変敗してしまったのに対し、仙台藩の味噌は少しも変わらず美味かった。そこで他藩の大名に請われて分け与えてやったことから、いちはやく「仙台味噌」が名を上げたというのは有名な話である。

　味噌は栄養面に優れているばかりでなく、塩分が多いので保存食として長く保てるほか、これに根菜や魚なども漬けることができるから、その携帯は更に重宝となるのである。出兵、行軍の際には、そのまま持参するのではなく、干すか焼くかして丸め、俵や叺《かます》などに入れて運んだ。また一人一人が袋に入れて腰に括《くく》り付け、腰兵糧とした。加藤清正が朝鮮出兵のとき、自ら腰に兵糧を括り、馬に乗る。その時の様子が『常山紀談《じょうざんきだん》』（江戸時代中期に成立した逸話集。著者は儒学者の湯浅常山）に次のように語られている。「清正、陣屋に着き兵装を解き、腰に付けたる緋《ひ》緞子《どんす》の袋を座敷に投入れられたるに、ドゥと落つる。米三升に味噌、銀銭三百文入れられたり」。そしてかなり重そうなのだが、馬上で馬印をさして乗るとき、腰の釣合いがとれて具合がいいのだ、と言ったという。

このように味噌は戦時の食料として大切なスタミナ源であり、塩分の補給にも欠かせないものだが、他の効能も語られている。関ヶ原の戦いに敗れて捕らわれの身となった石田三成が、大久保相模守に預けられたときの話が『前橋旧蔵聞書《まえばしきゅうぞうききがき》』に次のように記されている。「焼味噌を湯に立てて呑候《のみそうら》へば、終日食物《しゅうじつたべもの》仕らず候《そうろ》ても少《すこ》しも飢《う》ゑざるものに候《そうろ》、能々聞《よくよくき》かされ置《お》くべき旨申上候《むねもうしあげそうろ》。天野道三《あまのどうさん》も此《こ》の物語《はなし》仕られ候《そうろ》、但《ただ》し焼味噌《やきみそ》は息切《いきぎ》れに能《き》く候間《そうろうあいだ》、蓄《たくわ》へ置《おき》て息切《いきぎ》れ候《そうろ》節に給候《たべそうら》へてよしと。三成申聞《みつなりもうしき》かされ候《そうろ》」。また『軍議分類《ぐんぎぶんるい》』という文書には、「陣中《じんちゅう》へ干葉《ほしば》、干大根《ほしだいこん》、蕨《わらび》、芋《いも》の茎《くき》などを味噌《みそ》にて塩《しお》からく煮付《につ》けて、干《ほ》しかためて、紙袋《かみぶくろ》、布袋《ぬのぶくろ》などへ入れて持《もち》て、先《さき》にて水《みず》を入《い》れ煮《に》れば其《その》まま汁《しる》になる可《べき》なり」とある。

徳川家康は天文一一年（一五四二）、今の愛知県岡崎市にある岡崎城内で松平竹千代として生まれた。しかし六歳で織田信秀（信長の父）、八歳で今川義元の人質となり、少年期を他国で過ごしたが、永禄三年（一五六〇）の桶狭間の合戦で今川義元が敗死したことを契機に自立、以来岡崎城を拠点として天下統一という偉業の基礎を固めた。

その岡崎市には三五〇年以上も前に創業した二軒の味噌屋があるが、この両老舗を含め愛知県の味噌屋はずっと豆味噌を醸し続けてきている。味噌は蒸煮した大豆に糀《こうじ》と塩を加え、長期間発酵させたものだが、使用する糀によって味噌の種類（名称）が変わってくる。大豆と米糀を使った味噌は「米味噌」、大豆と麦糀を使ったものは「麦味噌」、大豆と大豆糀を使ったものは「豆味噌」というのである。従って豆味噌はオール大豆使用の味噌ということになる。

さて、その味噌の種類の全国分布であるが、北海道、東北、関東、甲信越、北陸、近畿、中国地方はほとんどが米味噌地帯、四国は米味噌と麦味噌の混在地帯、九州は麦味噌地帯であるのだけれど、東海地方の三河、尾張、飛騨、美濃、伊勢の一部（愛知県、岐阜県、三重県）だけは豆味噌地帯なのである。とりわけ愛知県の三河地方（岡崎市、豊田市、豊橋市、碧南市、刈谷市、安城市、西尾市、知立市、高浜市など）と尾張地方（名古屋市、一宮市、春日井市、犬山市、小牧市、稲沢市、清須市など）は、例外無くと言ってよいほど豆味噌をつくっているのはなぜなのだろうか。気候風土のためだという人もいるし、嗜好性の違いだという人もいるし、どうもはっきりしない。そこで私は、歴史的視点からその理由について検証してみることにした。

豆味噌は、米味噌や麦味噌と違って大豆のみでつくるという点が極めて特徴的である。その上、米糀と麦糀は、蒸した米や麦一粒一粒に糀菌が生える「散糀《ばらこうじ》」であるのに対し、大豆糀では蒸した大豆をおむすびのように丸く固め（これを味噌玉という）て、そこに糀菌を生やす「餅糀《もちこうじ》」の形をとっている。実はこの餅糀をつくるのは現在も中国、朝鮮半島、台湾、東南アジア各国であり、日本古来の糀である散糀とは全く別個の糀である。

結論から言うと、この餅糀は古代に朝鮮半島から来た渡来人によってもたらされたのである。その証拠に、日本の豆味噌づくりに見られる味噌玉とまったく同じものが今でも朝鮮半島にあって、それを「豉《メジユ》」と呼んでいる。中国古代の文献にも同じ字の「豉《シ》」というのがあるので、おそらく中国から朝鮮半島経由で伝わってきたのであろう。そのメジュを使ってつくった味噌が「甜醤《テンジヤン》」、醤油が「干醤《カンジヤン》」、唐辛子味噌が「苦椒醤《コチユジヤン》」なのである。つまり朝鮮半島から高麗人が渡来し、そのとき「豉」が持ち込まれ、それが日本での味噌玉づくりになったと見てよいだろう。今でも韓国での「豉」のつくり方は今の日本の味噌玉づくりとまったく同じである。

高麗人による豆味噌の日本での伝播経路は、日本海から若狭湾の敦賀付近に入り、そこから陸路で近江の余呉《よご》、浅井《あさい》を抜けて関ヶ原から美濃平野に入り、まず飛騨味噌（この味噌も今も味噌玉を使った大豆だけの豆味噌である）で発達し、一部は北上して信州の一地区に及んだが大半はそれが三河に広がった。それは、三河の地は昔から大豆生産が盛んな土地である上に、矢作《やはぎ》川河口の近くには吉良塩田を持ち、さらにあちこちの河川からの伏流水も潤沢であったので、そこで一層発展していったのである。また、この三河、尾張、飛騨、美濃という地は気候も温暖で平野も多く、木曽川や長良《ながら》川、豊川、矢作川、揖斐《いび》川といった大河も流れているので昔から豊饒の地であった。そのため、戦国時代はこの地を巡って武将たちの抗争が絶えず、兵士の兵糧として大量の味噌を必要としたのである。その後、徳川家康が江戸に入城すると、岡崎、豊川、豊橋あたりの豆味噌が菱垣廻船《ひがきかいせん》や樽《たる》廻船によって江戸に運ばれるようになり、いよいよこの地で豆味噌は発展したのである。

その豆味噌を巧みに利用したのは徳川家康だと言われている。とにかく大豆一〇〇％の味噌なので、スタミナ源の補給には理想的なのである。大豆に含まれている蛋白質は体に摂取されると強力なスタミナ源となるからで、その含有量は牛肉と大差がない。これを戦いのときに兵隊に食べさせれば無敵の強力部隊ができる。家康は三河の地に大豆耕作を奨励し、三河湾での製塩を推進した。飯のおむすびに豆味噌を塗れば、飯に牛肉を塗ったのと同じになり、エネルギー源の炭水化物は十分に摂《と》れ、そこにスタミナ源の蛋白質が重なる。さらに味噌には防腐効果があるので、長く持ち歩いても腐りにくい。その上、何と言っても美味い。豆味噌の濃厚なうま味に飯からの耽美なほどの甘み。徳川兵も「こりゃたまらねえ」といっぱい食べたに違いない。

家康ゆかりの地といえば、愛知県岡崎市であるが、ここに豆味噌の名を全国に知らしめた「八丁味噌」の蔵元が今でも二社ある。実は昔から「八丁味噌」といったのではなく、江戸時代の岡崎に八町《はっちょう》村という地名があり、それに由来する商品名である。その地名は明治時代に入って八町村→八帖村→八帖町になり、この「八帖」を「八丁」として「八丁味噌」となった。二〇二二年一二月に八帖町の一部が逆に商品名と同じ「八丁町」となった。

戦国時代と変わらない豆味噌の蔵

岡崎の豆味噌は、江戸から明治にいたるまで「八丁味噌」とは呼ばずに江戸時代は「三州《さんしゅう》味噌」や「参州味噌」、明治に入って「岡崎味噌」、「三河味噌」と呼んでいた。大正期に入って「八丁味噌」となり、東京でもこの名で通るようになった。愛知県を中心に味噌玉をつくって仕込む味噌は今もすべて「豆味噌」で、「八丁味噌」もそのひとつである。

岡崎での豆味噌醸造は早川久右衛門《はやかわきゅうえもん》蔵が正保

二年（一六四五）、大田《おおた》弥《や》治《じ》右衛門《えもん》蔵が延元二年（一三三七）である。両蔵は八町村にあり、そのうち早川家が「カクキュー味噌」、大田家は「まるや味噌」という商品名で豆味噌を売り出した。この岡崎の味噌を含め三河や尾張でつくられた豆味噌の出荷は、三河藩や尾張藩により厳しく管理されていた。例えば、岡崎城下及び岡崎領外への販売については、「地廻当座帳」に記録が残されていて、その販売先は名古屋、知多、渥美、美濃、信州伊那谷まで、領内寺院、藩庁、旗本、役所、番所、茶屋役人に限定されていた。徳川幕府が続いていたときには、豆味噌は地域限定品的要素があったが、幕藩体制が崩れて明治維新になると、豆味噌はいっきに全国に出荷されることになった。

そして豆味噌がどんどん知られるようになるに従って愛好者が増えたのは、何と言ってもこの味噌の持つ魅力である。まず強烈なほどのうま味を有していて、ひと啜《すす》りしただけで目が覚めるほどの味の濃さだ。その上、うま味だけでなく特有の渋みと苦みがほのかに宿るのも印象的なのである。また香りが高いのは、この味噌は「寝かし味噌」といって、少なくとも二〜三年、長いものは数年間熟成させるので、その間に味噌は完熟し、あの豊潤な芳香を発生させるのである。また、光沢のある赤褐色は、豆腐や浅蜊《あさり》や蜆《しじみ》などの貝類、滑子《なめこ》や榎茸《えのきだけ》のような茸《きのこ》類などの味噌汁にして俄然美味しく、さらに煮魚や煮付けの照り出しに、また田楽のタレとして、さまざまな料理に使えて重宝だからである。

豆味噌のつくり方は、すでに述べたように味噌玉という餅糀をつくり、それを潰してから食塩と共に仕込む。そして以後は、極めて長期間の発酵と熟成を行うことで、異才というか一匹狼《いっぴきおおかみ》的な個性を持った味噌が得られるのである。

三　醤油

戦時統制下における醤油の動向は、これまで述べた味噌とほぼ同様の状況を歩んできた。それは、醤油の醸造は味噌とほとんど同じで、原料に大豆と塩と小麦を使い、桶で発酵させていくからで、全国の大概の醤油屋は味噌の醸造も兼業していたからである。従って戦時体制下における醤油の実態については味噌の動向に重ねることにして、ここでは戦争のために陥った原料不足をいかにして乗り切ろうとしたかの知恵と工夫と発想について見てみることにしよう。そこからは、奇想天外ながらも懸命に醤油をつくって国民に供給しようという日本人の頑《かたく》な信念や行動力が感じとれ、それが逆に戦争の哀しさを物語っているように見えるのである。

第二次世界大戦前後は、これまで述べてきたように何もかも物資不足のため、醤油業界も原料の大豆や小麦の入手が困難となり、生産量も激減した。そんな中でも参議院の議会から「加工水産物、蔬菜《そさい》（あおもの野菜のこと）、味噌、醬油等についてその配給量を増加し得るような方策を講じるように」と、増産と流通統制の緩和が提案されたが、それは一朝一夕にはいかんともしがたい。とりわけ味噌と醬油は、原料不足の問題のみならず、醸造のための大規模施設の常時稼働が必要なことと、仕込み後の長期間の発酵と熟成が必要となるので、短期間での醬油の醸出は出来ないのである。

そこで考えられたのが「代用醬油」の研究と製造である。醬油の原料となる大豆や小麦に代えて、別の材料でそれを補うというもので、国の命により大手の醬油会社や国の食品総合研究所、各県の醸造試験場などがこの醬油の研究と製造に着手したのである。例えば昭和一八年（一九四三）には野田醬油株式会社（現在のキッコーマン）が一度搾《しぼ》って出た副産物である醬油粕を再度利用して醬油をつくった。粕中にまだ残っている蛋白質と炭水化物を希塩酸で分解し、その分解液に醬油粕麹を加えて仕込み、発酵と熟成をさせたものである。得られた醬油は、原料が醬油粕ばかりであるので旨みの数値を示す総窒素量は〇・七〜〇・八％（今日の一般的な醬油は一・三〜一・五％程度）と低く、味に乏しいものであったことは致し方ないところである。

また翌年の昭和一九年にはヤマサ醤油株式会社が「更生醤油」と称して、搾って出た生粕に、水を加えて濾過し、濾水を「番水」と称し、粕の方には麹菌を増殖させて粕麹をつくり、それを塩を添加した番水に加えて発酵、熟成させたものをつくった。しかし、こちらも残念ながら総窒素量が低かった。

一方、醤油はなぜ大豆を原料にするのかというと、大豆には蛋白質が一七〜一八％も含まれていて、それが大豆麹に含まれている蛋白質分解酵素（麹菌がつくる）の作用で分解され、うま味の成分であるアミノ酸が蓄積されて美味しくなるからである。従って、醤油の原料になりえるものの絶対必要条件は、そこに蛋白質が豊富に含まれていることなのである。そこで今度は、そのような高蛋白質のものに目が向けられ、実にさまざまなものが見つけ出されてきた。

先ず最初に白羽の矢が立ったのは、魚粕《ぎょかす》、すなわち魚粉であった。鰯《いわし》や鯖《さば》などを搾って魚油を取り、その残渣を乾燥して家畜の飼料に回していたものである。この魚粉には、大豆よりも多くの蛋白質が含まれているので、醤油の原料としては理想的であるが、反面油（脂肪）が多く、その油には強い魚の生臭みが溶け込んでいるので、やっかいな原料でもある。この魚粉を使った醤油については、多くの研究機関や醤油会社で検討が行われたが、その大半は塩酸で魚粉の蛋白質を加水分解し、水酸化ナトリウムで中和するというものであった。蛋白質を分解するには、麹菌のつくる蛋白質分解酵素で加水分解を行うのが常法であるが、魚粉に麹菌を繁殖させて魚粉麹をつくるより、希塩酸で魚粉蛋白質を分解する方法の方が手間もかからず、簡単だということになり、その方法で行ったのである。すると確かに魚粉の蛋白質は分解されて多量のアミノ酸がその分解液に蓄積し、うま味が強いのではあるが、やはり問題は魚特有の生臭みが残るだけでなく、液の色は真っ黒となって、従来の醤油とはかけ離れたものになった。しかし、そんな贅沢なことを言っている時ではないので、この魚粉の塩酸分解醤油は、代用醤油としてかなり広く使われたのである。そして魚粉の代用醤油には鰯のほか鯖、イカナゴ、ハタハタ、コウナゴなどの粕が原料として使われた。

　また、非常に注目されたのが蚕《かいこ》の蛹《さなぎ》であった。蛹は蛋白質を豊富に含み、魚のような生臭みは少ない。しかし特有の昆虫臭があるばかりでなく、脂肪量が突出している。脂肪が多いと出来上った醤油には油臭が残るばかりでなく、酸化が激しく進むので品質の劣化は速い。そんな醤油になるのであるが、しかしこの場合も贅沢など言っておれず、「蚕蛹《さんよう》醤油」も市場に出回ったのである。この醤油の場合も、原料の蛹は蒸された後に塩酸で加水分解されてつくられた。さらに鯨《くじら》醤油も出回った。日本は捕鯨大国であるが、さすが大戦中は捕鯨船団は組めない。しかし、ツチクジラやイルカなどは沿岸捕鯨で捕獲されていたので、その鯨の皮や髭《ひげ》などを利用して醤油づくりが行われた。この鯨醤油の場合も塩酸で加水分解した後に水酸化ナトリウムで中和したものである。少しの臭みはあったものの、味はとても美味しく、本物の醤油が不足する中にあって健闘したのであったが、原料の供給がままならず、市場の期待には応えられなかった。

　地方の醸造試験場のあちこちから蝗《いなご》醤油も提案され、つくられ始めた。小中学生を徴集して蝗を捕獲し、それを蒸してから塩酸分解後、水酸化ナトリウムで中和したものであるが、これにも原料の入手が秋の一時に限られること、捕獲量もそう期待できるものではないこと、昆虫特有の青くさい殻のような異臭が鼻を突くといった不具合のため限定的な製造となった。

　さらに動物の皮革屑の醤油化も検討された。靴屋や鞄屋、家畜処理場などで出る皮革屑には多量の蛋白質が含まれているので代用醤油としてかなり好適であるが、元来がコラーゲンのような不溶性蛋白質が主体であるので、麴菌の蛋白質分解酵素で分解するのは難しい。そこで塩酸で分解し、水酸化ナトリウムで中和して味液をとる方法が実施された。そのつくり方は、皮革屑に六％の塩酸を三倍量加えて加水分解する。その際、これを醤油として発酵させるためには糖分も少し必要となるので、デンプン質素材として米糠《こめぬか》も加えて分解するのである。すると米糠中のデンプンは分解されてぶどう糖になる。こうして皮革屑と米糠を塩酸で加水分解したものを中和してから濾し、得られた分解液に麬《ふすま》（小麦をひいた後に残る皮）でつくった麹と醤油粕を加え発酵させる。得られた醤油について、当時の唎味《ききあじ》（味をみて鑑定すること）の記録が次のように残っている。

（一）香気に難点がある。本来の醤油の匂いとは大分離れた一種独特のものがある。

（二）色に難点がある。色沢は濃厚で赤みに富んでいるが、赤過ぎて些か不気味である。

（三）味に難点がある。即ちうま味に乏しい。皮革の蛋白質にはグリシン（甘みの強いアミノ酸）が二〇％以上もあるので、得られた醤油は頗《すこぶ》る甘いが、肝心のグルタミン酸（うま味の強いアミノ酸）は少ないので醤油本来のうま味は弱い。とにかく甘みが強いため味全体のバランスがとれていない。但し、苦味、渋味はない。

このように皮革屑醤油も検討されたけれど、醤油の持つべき条件とかなり懸け離れたものとなって、研究報文までで終了している。

そして代用醤油の研究で最も異質な原料として注目されたのが人間の髪の毛を使う「人《じん》

毛《もう》醤油」であった。その発端は、東京帝国大学医学部薬学科を卒業して毛髪科学者として大成し、戦後の美容科学の先駆者となった大門《だいもん》一夫《かずお》氏が毛髪の研究の一環として人間の毛髪を原料にして醤油をつくってみせる実験を行っていたことである。過去にそのようなことがあったことを知った研究グループは毛髪を希塩酸で一〇時間ほど煮て毛髪中のケラチン蛋白質をアミノ酸に分解し、それを水酸化ナトリウムで中和後濾過した液をつくった。その結果、醤油に似た水溶液を得ることができたが、味に乏しく実用化は難しいという結論に達したのである。しかしこの研究はそこでは終わらず、終戦直後の物資欠乏の状況下、再び頭髪を原料にして工業用アミノ酸を製造する事業者が現われた。その構想によると、東京や横浜といった人口が集中している首都圏の理髪屋から毎日のように出る髪の毛を「毛《け》塵屋《じんや》」に集めさせ、それをアミノ酸製造所に運び込んで味液をつくるというものである、そして実際に実施されたのであるが、「毛塵屋」に支払う人件費の増加などによりしばらくして終了している。

終戦直後、さまざまな資材の枯渇や食料の不足、生産の停滞とまさに国家経済崩壊の寸前で日本は喘いでいた。そのため、生活必需物資の適正な配給によって国民の最低生活を保障し、乏しい資材を効率的に利用して再生産拡大の施策を急いで進める必要があった。

そこで「臨時物資需給調整法」に定められた食料品である醬油、味噌、缶詰、砂糖、乳製品など国民生活にとっての基礎的物資については適正な配給統制を行うため昭和二二年（一九四七）一二月に「食糧配給公団」という特殊な組織がつくられた。この公団は、それまでの統制に対して民間資本や政府直轄の専売制度では対処しきれなかったことから、国から独立した機関とし、役職員は政府の監督下に置いて運営するという、従来に例を見ない特殊公団であった。

そしてこの公団は翌年二月から業務を開始し、食料品を一手に掌握して国民に計画配給を保証し、切符制の採用によって物資の流れを正確にするとともに、販売業者にも登録制と切符の運用を適用した。こうして業者間に正しい競争の道を開き、併せて消費者の便にも資するという斬新な方式で運営されたのである。公団には味噌局や醬油局が設けられ、全国の製造会社もこの統制下に入り、ここに生産と流通と消費という縦の線が構築されだしたのであった。

こうして公団は動き出したが、原料不足はまだまだ続き、大豆の代用として配給されたのは脱脂大豆、落花生、大豆挽割、大豆粉、エンドウ豆、小麦、裸麦、甘藷であった。また国民の食生活も戦後しばらくの間は苦境の連続であったが、その後敗戦国日本の国民は戦後の困難から一日も早く脱却しようと、国を挙げて生産に励んだお陰で日増しに豊かになり、ついに昭和二九年（一九五四）には「神武景気」とまで称される高度経済成長が始まり、復興を遂げた。この好景気によって日本経済は戦前の昭和一四年（一九三九）の最高水準を上回るまでに回復し、昭和三一年（一九五六）の経済白書には「戦後復興の完了」が宣言された。以後は、醤油の生産も勢いを取り戻し、また国民は再び醤油の恩恵に浴する日々を迎え始めたのである。

大戦中のサツマイモの配給（『日本生活文化史（10）』河出書房新社より）

四　食酢

日本における食酢（以下酢）の歴史は古い。米を主食にする民族なので、その原料は米であり、出来上る酢は「米酢」である。すでに奈良時代の朝廷の文書に酢づくりを司る役所があったことが記述されているので、日本人の酢の食歴は大変古い。そのつくり方は、奈良平安の時代には米と麹から酢をつくり、中世に入ると酒で酢をつくり、江戸期に入ると酒粕を使った「粕酢」が考案された。大正時代に入ってアルコール（酒精）から発酵法によって酢をつくる技術が加わったが、つくられる酢の大半は米酢と粕酢という、食酢の王道を歩んできた。

大正七年（一九一八）は第一次世界大戦が終った年であるが、この年は米価が暴騰し、米騒動が起ったときである。このため酢の原料の米の入手が困難となり、米酢製造業者の大半はアルコール酢の製造に転向し、この年以来酢の製造は米や酒粕から離れてアルコールに移っていく。それ以前から三井物産株式会社は海外から氷酢酸《ひょうさくさん》を輸入しており、これを原料とした合成酢（酢酸酢とも呼んだ）が市場に現われた。しかし、第一次大戦中は戦争特需の恩恵であらゆる産業が好況に恵まれ、経済は飛躍的に活況となったので酢酸の製造も国内で行われるようになっていたが、終戦とともに再び氷酢酸の輸入は増加し、国内には合成酢がますます蔓延《はびこ》った。合成酢は氷酢酸を水で薄めるだけで酢となるので製造設備も簡素でよく、操作も簡便でそのうえ金もあまりかからず経済的である。この合成酢の風潮はそれから昭和に入ってからもずっと続き、第二次大戦が始まる前の昭和一五年（一九四〇）に酢酸が統制となるころには全国の米酢製造業者一八三社、アルコール酢製造業者五二四社、合成酢製造業者二九六七社という状況であった。実に本物の発酵酢の製造業者は全体の約五％に過ぎないものとなっていたのである。

その後も、アルコール酢とそれを使った合成酢は互いに生産量が上下しつつ供給されてきた。当時から欧米では食酢に氷酢酸を使用することを禁じているが、日本ではその後もずっとこれを踏襲してきたのである。そして昭和一六～一九年ごろにはジェネレーターを設置した速醸法という技術も導入された。この方法は発酵塔内にブナの鉋屑《かんなくず》などを充塡し、これに酢酸菌を接種しておき、発酵原液を塔上から散布し、液が充塡物の表面を流下する間に酢化させるもので、純正の酢が得られる。ところが第二次大戦の激化で本土は空襲で焦土化しはじめ、速醸法の設備を施した工場はほとんど戦禍を被り、その後の資材不足などのため、純正酢の製造は再び停止してしまった。

戦後は、欧米から導入された「通気攪拌培養法」が酢の発酵に応用され、それをさらに日本の酢の研究者たちの研鑽により改良し、安定して本物の酢が供給される日を迎えたのである。

酢は活力源である、と中国で古くから言われているのはよく知られたことである。なぜそうなのかというと、酢は体に入ると絶えず体中で行われているクエン酸回路（ＴＣＡ回路）に多種類の有機酸が補給され、代謝が活発となり、疲労の主因となる乳酸の蓄積を防ぎ、筋肉中に溜まった乳酸の分解を促す。また摂取した食べものを効率よくエネルギーに変えてくれることで疲労回復やスタミナアップに役立つことが生理学的に解っているのである。また最近の研究では、酢には抗酸化作用があるため、体の中に溜まっていて体毒ともいわれる酸化老廃物質を除外してくれることも証明されているのである。

ここに、その酢の効用を知って兵隊の体づくりをしている例を示す。「海軍経理学校第一艦隊献立調理献立集」（昭和一五年）にある第一艦隊司令部に伝達された「酢豚」の調理法である。

先ず料理の準備。「豚肉ハ角砂糖位ノ賽《さい》ノ目ニ切リ野菜モ豚肉位ノ乱《らん》切リトナシ、椎茸ハ四切ニシ別ニスープヲ取リ置ク」。そして調理。「豚肉ニ片栗粉ヲ醤油デ溶キタルモノヲ良ク着ケテ一個宛固マラザルヤウニ揚ゲ油気ヲ切リ置ク。別鍋ニ油ヲ敷キ野菜、豆、椎茸ヲ炒リ、スープヲ加ヘテ前ノ豚肉ヲ入レ、酢、醤油、砂糖デ調味シ水溶キシタル片栗粉ヲ加ヘル。

注意：一、豚肉ノ賽ノ目ニ切リタルモノヲ醤油及ビ砂糖、酢ノ溶キタル汁ニ一時間以上漬ケ其ノ後片栗粉ヲマブシ油デ狐《きつね》色ニ揚ゲル。二、出来上リタル際汁物ノ如クナラザル様其ノ適度ハ稍《やや》軟目《やわらかめ》ナル餡《あん》掛ノ度合ナリ。三、酢ハナルベク多目ニ用ウルベシ。此ノ料理

野外の酢づくり

ハ酢ノ存在ガ甚《はなはだ》重要ナリ」

この料理の全体に使う調味料の量（五人分）はスープ五〇〇cc、砂糖五〇グラム、醤油六〇cc、酢七〇ccとあるから、かなり酢の比率が高い。

旧日本海軍は、イギリス海軍を模範としており、西欧人と同等の体格や体力を目ざしていた。「士気ノ根源ハ食事ニ在リ」との考えの下に海軍食は日常的に栄養面で優位な洋食を中心に誂《あつら》えられていた。そのため洋食のソースとして常時使われていたのはウースターソースである。このソースはさまざまな香辛料や調味料を使ってつくるのであるが、その風味の中心は酢である。「酢ハ力《ちから》」の考えは海軍食にかなり意識的に浸透させていたようだ。戦後の日本国民の栄養状態は極めて貧弱であった中で、昭和二二年（一九四七）に「チカラウスターソース」が鹿児島県で誕生した。「海軍時代のおいしいハイカラな食事で、荒廃した人々の心の一助になれば」との理念のもとに、元海軍大佐で潜水母艦「迅鯨《じんげい》」（大日本帝国海軍が誇った超大型潜水母艦。排水量七六七八トン、全長一二五メートル）の艦長だった箕輪《みのわ》中五《ちゅうご》氏が酢とスパイスにこだわり、独自の配合でつくり上げたソースである。昔ながらのしっかりした香辛料と力強い酢は、今なお昔の懐かしさを秘めながら奥深い味わいを届けてくれるソースである。

江戸時代に『健康十訓』という書き物があり、その十訓のうちの四訓は食生活に関わるものである。一、少肉多菜（肉は控えて野菜を多く摂れ）、二、少塩多酢（塩分は控えめにして酢を沢山摂れ）、三、少糖多果（砂糖を控えて果物を摂れ）、四、少食多噛（腹八分めにしてよく噛め）。これは江戸中期に横井《よこい》也有《やゆう》（俳人）が書いたといわれる。正に現代の私たちに言って聞かせているような内容だが、酢はしっかりと摂るようにとの諭しは現代人に対しても説得力がある。

紀元前一一〇〇年ごろの中国の周時代の官制（行政機関の中枢）を記録した書物に、酢づくりの役所があり、役人が兵士のために酢をつくり、また官僚のために酢で漢方薬を調合していたということが記されている。酢はこんなに古い時代から兵士の体づくりのために重宝していた発酵食品なのである。「油断大敵」という言葉があるが、実は強兵をつくるために「酢断大敵」ということも実践されていた。

五　漬物

昭和一九年（一九四四）、連合国軍の爆撃機が首都圏上空にまで飛来し、一般人を攻撃にさらす日々が多くなったので、政府は先ず「学童集団疎開」を組織する前に、親戚や縁故者を頼って子供を疎開させる「縁故疎開」を進めた。多くの子供たちは祖父母などと共に田舎に疎開し、その他の子供たちは「学童集団疎開」で地方に散らばっていった。昭和二〇年には全国で約七〇万人の子供たちが家や家族と離れ、それぞれの地に分散させられていたのである。食料が全国的に不足していたときの疎開だったので、疎開児童は余計な負担だ、という風潮もあった。その当時の日本の疎開児童は、一日当り米二〜三合と少量の漬物とサツマイモ程度しかもらえず、肉や魚は稀にしかもらえない。田舎に行った子供たちは空腹のあまり、水田や小川、池でカエル、ドジョウ、カニ、ナマズなどを捕獲して、皆で分け合って食べたということも珍しい話ではない。

そして戦争末期、もはや米の配給は一人二合以下となる。子供たちは空腹を抑えきれず、見つかればひどく叱《しか》られ、殴られることを知りながら、近くの農家から盗みを働く者も出てきた。その時の福島県に疎開していたある少年の手記がここに在る。

「あまり腹が減っていたのですが、僕よりもこのところ痩《や》せてきた妹の空腹が心配だったから、妹のためにと炊事場に入って行って、釜の中にあったご飯を丸めて三個と、漬物桶に漬かっていたナスとキュウリの漬物を三本、取ってきたんです。そして疎開先の小学校の校舎に戻って妹をこっそりと呼び出して、便所の裏に隠れて食ったのです。妹はよほど腹が減っていたとみえて、むすびを喉につまらせて苦しんだんですが、直ぐに直りました。妹は二個、僕は一個のおにぎりを食べました。ナス一個は半分ずつ、キュウリは一本ずつ食べました。この時ほど漬物がこんなにうまいものとは知りませんでした。そのときは盗みの犯人が誰だかわからなかったのか、僕は叱られませんでしたが、戦争が終り、学童疎開の村から横浜に戻る日、僕は引率の先生に盗みを白状しました。そして、その先生と盗みに入った農家にお詫びに行くと、農家のおじさんはニコニコと笑って僕の頭をなでてくれました」

第二次大戦末期に、防空および空襲被害の復旧などに全国民を動員するためにつくられた組織「国民義勇隊」があった。郷土防衛隊組織の一環である。これから述べるのは、広島県安佐《あさ》郡川内《かわうち》村（当時）の「川内村国民義勇隊」の話である。その川内村は、広島市の近郊にあり、広島の食を支える野菜の名産地で、全国に名を馳せる「佐東《さとう》大根」をはじめ多くの優秀な品種が栽培されていた。戦時下では陸軍の重要拠点を抱える広島市のほか海軍のある呉市へも軍の需要に応えて野菜を生産し供給しなければならなかった。

また、川内村は漬物の王様といわれる「広島菜漬け」に使われる広島菜の一大生産地で、漬物業界にとっても非常に大切な所なのである。原爆が投下される直前の昭和二〇年七月末、川内村国民義勇隊に指令が出された。それは広島市の中島新町（現在の平和記念公園辺り）での建物疎開作業と、高田郡八千代町での飛行場整備への出動であった。川内村国民義勇隊は、合併して川内村となる前の旧温井《ぬくい》村地区の隊員が建物疎開作業へ、旧中調子《なかぢょうし》村地区が飛行場整備作業へと向かうことになった。そして何とも悲惨なことに広島市に出動した旧温井村地区の二〇〇人が原爆投下により犠牲になったのである。この八月六日は、旧温井村地区の住民五〇〇人が出動していたが、先発隊の二〇〇人が現場で作業していた時に突然の原爆投下に遭ったのである。

自宅まで自力で帰った人はたった七人で、全て自宅で息を引きとった。後続隊は現場に向かう途中で被爆、無傷で帰って来た人も多くが後に原爆症に苦しんだのである。また、帰って来ない家族を捜しに市内中心部まで行った人たちも残留放射線に侵《おか》されてしまった。平和記念公園には「義勇隊の碑」があり、その時の死没者の名前が刻まれているので、訪れた折りには合掌して欲しいものである。

当時の川内村のほとんどは農家であったが、原爆によって八〇人近い女性が夫を亡くしてしまう。戦争は終ったが、働き手の中心を失って農業を続けることは大変な苦労であるが、残された妻や子供たちは家族総出で朝早くから夜遅くまで働き、がんばって伝統ある漬物の材料をつくり続けたのである。昭和二四年（一九四九）には夫を亡くした川内村の女性たちが団結して「白梅《しらうめ》会」を結成、悩みを語り合い、時には行楽にも出かけて皆で助け合ってがんばってきた。その「白梅会」の活動を記録した『白梅会ノート』は今も残されていて、そこには内職の斡旋《あっせん》や講演会のお知らせ、潮干狩りの様子の写真など、結成されてからの活動が綴られている。

そして今の広島市安佐南区川内地区。太田川と古川に囲まれた砂土壌で水はけが良く、野菜の栽培に適している川内地区では四〇軒の生産農家により広島が全国に誇る伝統野菜「広島菜」が栽培されている。一株二キログラムぐらいになる広島菜は、ほぼ全量漬物に加工される。毎年一一月から一月末まで露地栽培され、霜が降りる頃にうま味と甘みが増し収穫の最盛期となり、各地の漬物屋に運び込まれるのである。そこでつくられる「広島菜漬け」は信州の野沢菜漬け、九州地方の高菜漬けとともに日本三大菜漬けと評されるシャキシャキとした歯応えと豊かな風味が特徴で、広島の冬の味覚を代表する特産品である。広島菜漬けを召上る前に、過去このような苦労があったことを思い、乗り越えてきた人たちに敬意と感謝を込めていただくことも大切なのだと私は思うのである。

野沢菜を漬ける下ごしらえ（『日本民俗文化大系』小学館より）

　日本人の基本的食態を語る用語に「一汁一菜《いちじゅういっさい》」というのがあり、これが和食の原点なのである。「一汁」とは飯《めし》と汁《しる》、「菜」は副食（おかず）のことで、すなわちご飯と味噌汁とおかず一品があれば、最低限和食としての食事は成立するのである。そしてここで重要なのが「菜」で、戦国時代から決まっていて、それは「香のもの」すなわち漬物なのである。つまり、「一汁一菜」とは「ご飯と味噌汁と漬物」ということに昔からなっている。今は「一汁三菜」という言葉がよく使われているが、これは「一汁一菜」ではあまりにも侘《わび》しかろうと、後年になってあと二つの副食がつけ加えられたのである。

その基本の「一汁一菜」の汁は、必ずしも味噌汁でなくてもよく、吸物や煮込み汁（団《だん》子《ご》汁や野菜汁など）でもよいことになっている。だがよく考えてみると、「一汁一菜」での「ご飯と味噌汁と漬物」の取り合せの場合、そこには「味噌」と「漬物」という二つの発酵食品の存在が必要となり、まさしく日本人の食生活の原点は「発酵食品に在り」ということになるのである。

さまざまな本を参考にしてみると、戦国時代の武将や兵士といった武士の食事は一日二食で一汁一菜を基本とした。時間帯は朝八時ごろと午後三時ごろの二回で、夜遅くまで起きているときは稀に午後九時ごろに夜食を摂るということもあったようだ。城郭や砦など重要拠点の守備隊で、夜間警備に就いていた者へは特別に夜八時から九時の間に一食加えられ、一日三食とされていた。食事の内容は一汁一菜であったが、飯の量は多く、一度に二合半も平らげる猛者《もさ》もいたという。汁物は味噌汁か糠《ぬか》味噌汁、あるいは塩汁で、一菜は必ず漬物であったが、時には漬物のほかに塩海藻、干魚、納豆などが付くこともあった。

さてその際の漬物であるが、一番多かったのは梅干しと味噌漬けで、ほかにさまざまな野菜や実の塩漬けや醤油漬け、干した糠味噌漬けなどもあった。これらの漬物は、いずれも戦場に携行できる保存の効くものであった。飯《めし》は玄米か一分搗きの米、麦や粟、蕎麦《そば》、黍《きび》のような雑穀で、蒸籠《せいろ》で蒸した強飯《こわめし》が中心であった。

合戦の時の飯である「陣中食」は、腹に巻いたり腰にぶら下げる「携行食」で、これには六種類ほどあった。先ず「握り飯」でこれは今日でも食べられるおにぎりのことである。「乾飯《ほしいい》」は蒸したり炊いた米を乾燥させたもので、焼いたり湯で煮て食べる。「兵糧丸《ひょうろうがん》」は、米粉、蕎麦粉、大豆粉、魚粉などを水で練り合わせて丸めたもので、大名によってはその製法を秘密にしていたことも多い。「味噌玉」は、焼き味噌を一食分ごとに丸めたもので、お湯で溶けば即席の味噌汁になり、そのままかじってもスタミナと塩分の補給になる。「芋茎縄《いもがらなわ》」は里芋の茎（ずいき）を味噌汁で煮しめてから乾燥させ、縄状にしたもので、腰に巻きつけておいて戦いの最中そのまま食べたり、ちぎって湯に入れて味噌汁にもできた。

ここで上杉謙信の「勝どき飯」を見てみる。謙信の日常の食は一汁一菜を頑《かたく》なに守って質素な食事であったが、ひとたび出陣となると山のように飯を炊き、部下や兵士に山海の幸を振る舞って勝利祈願と労をねぎらったと伝えられている。勝利を祈っての陣中食であったので、「勝どき飯」といわれた。

その「勝どき飯」の一例では、飯は玄米か麦飯、汁は「集め汁」（ゴボウやネギなどと共に干した魚を入れた汁）、菜は「味噌漬け塩菜漬け」と「炙《あぶ》り焼き」（鴨肉や川エビ、芋などを焼いて松の実入りの味噌をつけて食べる）などが見られる。その陣中食といえば、三河（愛知県）に何らかの所縁《ゆかり》をもつ豊臣秀吉や石田三成、小早川秀秋、徳川家康といった戦国大名が、陣中に必ず携行していったのは溜醤油や八丁味噌（豆味噌）に漬け込んだ山ゴボウ、菊芋、青唐辛子、キュウリなどの漬物であった。長持ちするだけでなく、少しの量でも沢山の飯を食べることができ、塩分の補給にも役立った。

戦国武将の食生活を見てみると、大概が玄米食と味噌汁、漬物の梅干しが中心である。戦国時代の日本人の平均寿命が四〇歳前後といわれる中で、豊臣秀吉六三歳、伊達政宗七〇歳、徳川家康七五歳と平均寿命を大きく超え、北條早雲八八歳、島津義弘八五歳、真田信之九三歳とさらに長寿の武将たちがいるのである。

戦国武将の中で名物漬物を育てたのは近江蒲生《がもう》郡日野をおさめていた領主の蒲生貞秀《がもうさだひで》である。貞秀は城の近くの道端に蕪《かぶ》科の植物で茎の赤い雑草を見つけ、その美しさに心を奪われた。そこで漬物にしてみようと糠漬けにしたところ、その桃色の色彩があまりに美しく、それを「さくら漬け」と呼び、これが今日の「日野菜漬」となったのである。

戦国武将と漬物に関する話で大切なのは「湯漬け」のことである。湯漬けとはその名の通りご飯に熱々の湯をかけて食べるやり方をいうが、戦国時代にも盛んに行われていたものである。茶漬けとよく似ているので、お茶が無いときの代用法と考える人もいるがそうではなく、湯漬けと茶漬けは全く違うものなのである。歴史的にも異なり、湯漬けについてはすでに平安時代の書物にその供し方などが論じられているのに対し、茶漬けは江戸時代中期ごろから登場する食べ方なのである。戦国時代に織田信長が桶狭間の戦いの際、湯漬けを食べてから出陣したという話は有名である。この湯漬けで必ずと言ってよいほど飯の上に置かれるのは漬物である。大根の味噌漬け、さまざまな茎菜《くきな》の塩漬けや醤油漬けと溜漬け、山ゴボウや菊芋の味噌漬け、キュウリやナス、ミョウガの味噌漬け、キノコの醤油漬け、シソの実やショウガの醤油漬けなど色々な漬物が湯漬けの友とされた。保存が利くのと、匂いがとても食欲を惹起してくれること、そして塩分の補給にもなるから重宝した。漬物以外に湯漬けに合うものに小魚や蜆《しじみ》、小エビなどの佃煮があるが、これは茶漬けが行われるようになってからである。

六　食パン

日本人が初めて、パンを知ったのは室町時代の天文年間（一五三二〜一五五五）で、ポルトガル人による。しかし、「パン」という名が文献に登場したのは江戸時代、一七一五年の『和漢三才図会』である。「蒸餅《じょうへい》とは、餡なしのまんじゅうのことで、オランダ人は、パンと呼んで常食している」とある。ここで注意しなければならないのは「蒸餅」とあることで、これは中国式の「饅頭《マントウ》」、すなわち蒸しものであったことになる。

本来、パンは蒸すものではなく、酵母で発酵させた後、焼いたものであるから、「蒸餅」をパンと同じものとみていたということは、当時のパンは中国の調理法の影響をかなり受けたものであったようだ。

ところが、それから三年後の享保三年（一七一八）に出された『御前菓子秘伝抄』には、びっくりするようなパンのつくり方が書かれてある。「小麦粉を甘酒で捏《こ》ね、それを適当な器に入れて一晩ねかせておくと膨れてくるので、まずはこのフルメントという物をつくる。これに、小麦粉、砂糖と水を加え、捏ねてパン種をつくり、成形して膨らむまでねかす。土を厚く塗りたてた釣り鐘形のかまどで薪を燃やしたあと、パンを並べてかまどを塞ぎ余熱で焼く」という内容である。

フルメントとは、ポルトガル語のfermento、すなわち発酵のことである。まさに、蒸餅という中国系の蒸しパンに対して、ヨーロッパ系の発酵パンがここに述べられていることとは、実に興味深い。そして、何といっても貴重なのは、甘酒を加えている点であって、これは相当な知恵の証でもある。甘酒は米麹の糖化液で、これには極めて旺盛に酵母が増殖し、発酵する。酵母が十分いて、発酵が理想的に進めば、焼き上げてからの風味は大変良く、美味なパンが出来上ったはずである。

ただし、江戸時代にこのような文献があっても、当時、ヨーロッパ系のパンが焼かれていたという証拠は見つかっていない。だが、甘酒という日本独特の発酵助材を使うことや、日本に見られるかまどを使うなど、かなり具体的な記述であるので、実際には一部で焼かれていたのであろう。小麦粉に酒種《さかだね》を加え、発酵させた酒まんじゅうとの折衷品だったのかもしれない。

一八四〇年に中国でアヘン戦争が起ると、勝利を収めたイギリス軍が次に日本に来襲するのではないかと幕府は恐れ、伊豆韮山《にらやま》の代官の江川《えがわ》太郎左衛門《たろうざえもん》に江戸警備を命じた。江川は洋学の導入に貢献し、民政や海防の整備に実績を挙げ、品川台場（お台場）をつくり、鉄製の大砲を鋳造するための反射炉もつくったかなりの人物であった。伊豆の山の中で成長して、常に遊猟などをして筋骨を練り、明け暮れの武芸の稽古に余念がなかった豪腕英才の士であった。

江戸警備を命じられた江川は、戦争が起ったときに兵士に持たせる兵糧としてパンに目をつけた。パンなら軽くて持ち運びがしやすく、ご飯と違って火を焚かなくても直ぐに食べることができるからである。戦場で火をおこして煙を出せば、敵に居場所を知らせてしまうので御法度だったのである。

一八四二年に本格的な製パン所をつくり、長崎からパン職人を呼び寄せてパンを焼かせた。この時のパンは今の乾パンのようなものだったといわれている。結局、戦争は起こらなかったので、このパンが兵糧として利用されることはなかったが、一八五八年に幕府がアメリカ、オランダ、ロシア、イギリス、フランスと修好通商条約を結んで開港した後は、欧米諸国から来日する外国人のために横浜に外国人の経営による四軒のパン屋ができた。これに続き長崎や箱館でもパンづくりが行われるようになり、日本人の間にも少しずつパンが広まっていったのである。

横浜で外国人によるパン屋が開業した明治元年（一八六八）には戊《ぼ》辰《しん》戦争が起った。東北まで遠征していく薩摩藩は、長期保存可能な黒ゴマ入り堅パン五〇〇〇人分を江戸の凮《ふう》月堂《げつどう》（江戸中期に大住喜右衛門が江戸で開いた和菓子店を起源とする）に注文したという記録が残っている。この戊辰戦争で用いられたパンには、将来に予想される外国との戦争時のシミュレーション的な意味もあったと見られている。その後、明治一〇年（一八七七）に不平士族と明治政府が戦った西南戦争（西郷隆盛を盟主として起った士族による武力反乱）でも、政府軍はパンを木村屋、つたもとパン、三河屋パンの三店に注文しており、この時発注されたパンは全部で二三万七〇六三斤《きん》（一斤は約六〇〇グラム）にもなった。そして雨中の決戦となった田原坂《たばるざか》の戦いでは政府軍が勝利したが、その勝因のひとつは政府軍兵士が煮炊きの必要のないパンを携帯していたためだという見方もあるという。このように、江戸時代は鎖国のために長い間日本ではパンづくりは普及しなかったが、幕府の力が弱まった幕末にパンづくりが始まり、明治時代になると本格的に行われるようになった。しかしこの時代のパンづくりは、パンを食べたいという庶民のニーズを満たすということよりも、明治維新という争乱時代の軍用糧食としての意味が強く、パンが民間に広まっていくのは政情が安定したもう少し後の時代のことである。

　そのような過去をたどって、日本の工業的なパンの製造は明治維新から始まった。最初はホテルや西洋料理店などで外国人向けにつくられていたが、海軍が明治一九年（一八八六）から全面的にパン食を取り入れ、陸軍でも佐賀の乱や西南戦争の際に大量のパンを使用した。明治七年に東京銀座木村屋の木村英三郎が酒種を使ってつくった「あんぱん」を売り出したのが評判となって一般に普及するようになった。その後、明治二三年（一八九〇）の凶作のとき、米の代用食として、また日清、日露戦争の軍用食糧として生産されたことも普及につながった。しかし当時のパンは今の固いビスケットのようなもので、その頃の日本産小麦では今日のようなパンの製造はできなかった。第一次世界大戦後、日本でもパンの製造に適した小麦が栽培されるようになり、またアメリカからイースト菌（パン酵母）による製パン技術が導入されたことにより、パン工業は大きく近代化への歩みを進めた。第二次世界大戦中は統制により製パンメーカーは企業合同が行われ、また戦後はアメリカから小麦や小麦粉の援助があり、学校給食用にパンが生産され始めたことなどにより、パン工業は急速に拡大した。以上が近代以降の、我が国におけるパンの動向であるが、戦時中はパンをめぐってさまざまなことが記録されている。

戦時体制下のパンについて先ず最初に触れるべきは「興亜建国パン」であろう。これは前年の朝鮮大旱魃で日本国内が米不足となっていた折り、昭和一五年（一九四〇）から展開された節米運動の一環として陸軍が提唱したパンのことである。実際に考案したのは陸軍の糧秣本廠《りようまつほんしよう》（陸軍の糧秣を保管、供給する施設。糧秣とは軍事用語で、兵員用の食糧及び軍馬用の秣《まぐさ》を指す）の外郭団体である食糧問題研究機関「糧友会」で、機関誌の『糧友』昭和一五年（一九四〇）三月号に「節米の強化と興亜建国パンの提唱」と題して、その手段と目的を次のように説明している。

「節米の方策には種々あるであらうが糧友会はこの際節米的見地よりパン食の再認識をはかり、これが普及をはかりたいと考へてゐる。而《しか》してこゝに日、満、支の海陸各種の資源を粉として打つて一丸したる興亜建国パンを提唱するものである。（中略）建国紀元二千六百年を記念して『興亜建国パン』と名づけ、紀元節を始めとし、興亜奉公日（注：昭和一四年九月一日から実施された国民精神総動員運動の施策。毎月第一日は禁酒禁煙、一汁一菜、飲食店休業などを義務付けた）及び毎週一回以上一般国民が常用して建国精神の強調、日満支提携の強化及び東亜の新秩序建設のための聖戦を偲ぶことを切望するものである。而して十日に三回このパンを食べるならば一割の節米になるものである」

さて、その「興亜建国パン」あるいは「興亜パン」とも呼ばれたパンはどのようなものであったのだろうか。それは、今日の小麦粉を発酵させて焼いたという単純なものではなく、実にさまざまな材料を使うことで主食（パン）と副食（おかず）とが共にまとまって入っている節米パンだった。

材料としては、パンの主材料の小麦粉はもちろん、大豆粉（きな粉）、ライ麦粉、トウモロコシ粉、海藻粉、魚粉などをさまざまに混ぜ合わせ、そこにニンジン、ホウレンソウ、大根の葉といった野菜類、コクを出すために油脂も加え、甘味付けに黒砂糖を使っている。それらを捏ねて大人の握りこぶし大に丸め、酵母（イースト菌）を加えて発酵させてから焼き上げるのである。発酵すると炭酸ガスが出て膨らんで大きくなり、出来上がったパンはゴツゴツとした感じで実に迫力のあるものとなる。一般家庭ではより簡易に、酵母で発酵させずに膨らし粉で膨らませてから蒸しあげ、蒸しパンとすることを奨励した。

名前の由来ともなった昭和一五年の紀元二六〇〇年式典においても、ジャガイモ、ニンジン、玉ネギ、海藻類を練り込んだ興亜パンが供され、糧友会は毎月一日の興亜奉公日に食すことを奨励するなど国民への普及を図ったが、不味かったためにあまり受け入れられなかった。

ところでパンについて、戦時中の外国ではどのような対応がとられたのであろうか。第二次大戦中のイギリスの「ナショナル・ローフ」というパンについての記事が実に興味深い。記事を書いているのはマクギネス真美さんというイギリス在住の編集＆ライターである。日本での九年半の雑誌編集を経て二〇〇三年に渡英。以後イギリスを拠点にライフスタイル、ガーデニング、食などを取材、執筆を行っている著名な女性である。

彼女の『英国の口福を探して』というｗｅｂ連載中の記事によると、ナショナル・ローフとは第二次大戦中の一九四二年にイギリス政府によって製造を強制されたパンのことで、それまでの白い食パンに代り、小麦の外皮も入れた全粒粉でつくられた茶色いパンで、栄養価を考えて生地にはビタミンやカルシウムが加えられたという。ベーカリーでは、ナショナル・ローフ以外のパンをつくるのは禁止され、人々はこの茶色でキメが粗くもそもするパンしか食べることができなかったのである。

開戦当時、英国は七〇％の穀物を船で輸入していたが、戦争が進むに従い、外国からの食糧の供給は難しくなってきた。英国は第二次大戦の戦勝国だが、実は一九四〇年から国内では食料の配給制度が始まっている。そしてなんと、戦争が終わった後も、約九年間も配給制度が続いていたのである。この点、日本の戦後の事情とも共通するところがある。

マクギネス真美さんは『英国の口福を探して』にそのナショナル・ローフのつくり方も

載せている。材料は全粒粉ブレッド・フラワー（強力粉）六八〇グラム、ドライ・イースト大サジ一・五、塩大サジ一・五、ハチミツ大サジ一、ぬるま湯四五〇ミリリットル、オリーブ・オイル少々。オリーブ・オイル以外のすべての材料をボウルに入れて、生地が柔らかくなめらかになるまで一〇分ほど手で捏ねる。オリーブ・オイルを塗ったボウルに丸めた生地を入れて、上から濡れたティー・タオルをかぶせて温かいところに置き、一～二時間発酵させる。倍程度に膨らんできたら、生地を押してガスを抜き、二等分して丸め、二つのローフ型にそれぞれ入れる。それを再び温かいところに置いて一～二時間ほど二次発酵させる。二〇〇℃に予熱しておいたオーブンで三〇～四〇分焼き、パンの表面がキツネ色になったら完成。

　また、日本と同盟関係にあったドイツでも「パン屋の不正」という逸話が知られている。これは、工業製品など機械でつくった生産物のバラつきは規格値周辺に対称的に分布するということを説明するエピソードなのだが、パンが配給制となった戦時中のドイツを舞台とする話ということでここで紹介したい。

　配給用のパンが正しく一個二〇〇グラムと規定通りつくられているか検査していた検査官が、二〇〇グラムを下回るパンを多く運んでくるパン屋に、「あなたの製パン機は（材料の小麦粉を節約するために）軽くつくるよう調節しているのではないか」と質《ただ》した。するとパン屋は「機械を調整します」と答え、翌日から届けられるパンはすべて二〇〇グラムを超えた。しかしそれでもこの検査官は、このパン屋がこれまでと同じようにパンをつくっており、そのうち二〇〇グラムを超えたパンだけを検査官に提出していたことを、重量の分布の不自然さによって見破ったのだった。戦争中は、いずれの当事国も主食には苦労したのである。

　話を再び日本に戻して、戦時中の地方でのパンの状況はどうだったのか。ここに愛媛県生涯学習センターがまとめた『えひめの記憶』という調査報告書がある。その中の「えひめ、子どもたちの生活誌」にある〝子どもの見た戦中・戦後〟の項に、当時の愛媛県八幡浜の小学校に通っていた人の話が採録されている。

「戦時中、小学校の校庭にはイモを植えていました。学校の授業で田んぼに行き、落ち穂拾いをし、畑でイモのつるや掘り残しのイモを集めました。これらは学校で徴収されましたが、当時は宿題もドングリ百個提出といった具合で、イモのつるは干して粉にし、ドングリもデンプンをとりだしてパンの原料としました。「ハズ（カラムシ）」という石垣や山に生える植物をつみ、ここから繊維を取り出し服の原料にもしました。イモづるとドングりできたパンは、真っ黒い牛の糞《ふん》のようなもので、渋い味がしました。米や麦が極端に少なかったため、このようなパンが配給で出されたのでしょう。イモづるのパンは戦後もしばらくありました。子どもはいつも腹をすかせていた時代でした。

終戦後米軍は、駅前の自治警察の所に時々来ました。ジープで米兵が来ると、子どもたちは後を追いかけ、片言の英語で『サンキュー、サンキュー』などと言い、米兵がまいたガムやチョコレートを拾って食べました。学校では米兵に声をかけたり、物をもらったり拾ったりしたらいけないと注意されました。『どこやらでは、それに毒が入っていて、拾って食べて死んだ子がいる。』と脅す先生もいましたが、実際に食べてもどうということはなかったから、子どもは言うことを聞きませんでした」

都会から遠く離れた愛媛県の一地方でもこのような食糧難であったことは、戦争によって何もかも日本の隅々から失われていたことが頷けるのである。

その戦時中、電気パン焼き器なるものも流行した。原理は水分と食塩などの電解質を含んだ穀物などで出来ているパン種に、直接電流を通すことでジュール熱が発生する。そのまま電流を流し続けると、やがて水分が蒸発していくとともに電気抵抗が大きくなり、ある段階で電流が流れなくなる。完全に電流が流れなくなったころには、加熱により材料に

第二次大戦中の家庭の電気パン焼き器（『日本生活文化史（10）』河出書房新社より）

含まれるデンプンがアルファ化して食べられるようになる。材料に含まれる食塩などの電解質の量や、電極間の距離で焼き具合や味に変化があるといわれる。

第二次世界大戦の最中からこの電気パン焼き器の流行が始まり、大戦後もしばらくの間、配給の食用粉を用いて電気パン焼き器でパンをつくることが行われた。この間、用いられたパン種の材料は、終戦当時の一九四五年には「小麦粉、藷類（サツマイモ類）粉、大豆粉、高粱《こうりやん》粉、玉蜀黍《とうもろこし》粉の混合物」。さらにそこに増量材として「芋づるの粉、桑の葉や蓬《よもぎ》の乾燥粉、ドングリの粉、カボチャのつるの乾燥粉、木材屑粉」などが加わって、「雑食総動員計画」が立てられたという。このような食糧事情が、いかに手に入るものを工夫して食べるかを皆が真剣に考え、電気パンが登場した背景になっていたのである。

　太平洋戦争中につくられ、配給で配られたパンに「コッペパン」がある。主食が配給制だったときに考案され、一個が一人の一食分に相当とされた。その原形は、明治末期にアメリカでパンの製法を学び、大正時代にイースト（酵母）による製パン法を広めた田辺玄《たなべげん》平《へい》によって考案され、日本独自の発展をしたパンであるともいわれる。田辺玄平を祖とする株式会社マルジューによれば、大正八年（一九一九）に日本陸軍に納入するためにつくられた、食パン生地を使った小型パンをもってコッペパンの元祖とするという。「コッペ」の語源は、フランス語で「切られた」を意味するcoupé（クーペ）であるとされる。自動車のクーペと同語源である。終戦以後もコッペパンは国民に支持され、愛好されて、今でもささやかながら存続している。

　再び陸軍のパンに戻ろう。日本軍の食糧は基本的に米ないしは米に麦を加えた米麦飯（麦めし）を主食としたが、パンを重要な兵糧に取り入れていたことは、残されているさまざまな軍関連の資料に記されている。実際、主食は米麦飯と乾パンがほとんどを占めていた軍の食事だったが、パンを積極的に導入しようとする意図があったことが窺える。

その主たる理由とは、兵糧である米飯類の戦地や携行時の保存の問題、とくに寒冷地で凍結してしまうという問題であった。『経理官陣中便覧』（一九三六）には、凍結を避ける方法として「先ず成るべく凍結し難き食品を選ぶこと」とあり、「食品中には其の性質上、凍結し難き物あり。例えばパン、穀類、乾魚菜、味噌、甘味品の如し」と具体的に凍りにくい食材としてパンを挙げている。

他方で、米飯類が寒冷地ではどのような条件で凍ってしまうかの実験も行っている。昭和一二年（一九三七）の『寒地衛生提要』には飯の凍結実験結果が以下のようにまとめられている。気温マイナス二〇℃で一食分の飯盒《はんごう》兵食を背嚢《はいのう》（兵士が背負うカバン）に付けた場合は二時間で凍結。気温マイナス二二℃で上記の飯盒を雑嚢《ざつのう》（兵士が肩から下げるカバン）に入れた場合は五時間で凍結。気温マイナス二〇℃で同飯盒をタオルで包み雑嚢に入れた場合は六時間で凍結。気温マイナス二三℃で同飯盒を雑嚢に入れて外套《がいとう》下に携行した場合と飯盒覆い（飯盒を包む防寒用袋）を付けて背嚢に付けた場合は六時間経っても凍結せず。このように寒冷地で兵糧を数時間だけでも凍結させないために、さまざまな兵装を研究したのだった。

また、昭和一三年（一九三八）八月付で野戦経理長官部が配布した『熱地作戦に於ける給養勤務の参考』には、「食パンは寒地に於けるよりも寧ろ嗜好に適し且《かつ》保存上飯に優るを以て戦術上の必要より『パン』食の要求多かるべきを予期す。然れどもパン食は動《やや》もすれば食慾減退を来し易きと、多量の湯茶を要する欠点あるを以て之が顧慮を要す。『乾パン』に於て特に然りとす」と書かれている。つまりパンや乾パンは、寒冷地では飯よりも凍りにくく、暑さが厳しい地域でも（ときに食欲減退を起こし、より水分補給が必要となる欠点はあるものの）米飯類よりも保存に適し、兵糧として戦略上求められると述べているのである。

日本軍は、野戦において現地でパンを焼くパン焼き竈《かまど》を常に携行していた。資材はレンガが主で、場合によっては現地に転がっている大きめの石をレンガ形に削り、それで竈を構築した。小さい竈では一回に天板《てんぱん》（注：寸法四四〇ミリ×三五〇ミリ×四〇ミリ）六枚分が焼け、大きなものでは、野戦パン焼き竈一組と焙炉《ほいろ》二個を組み合わせ、そこに製パン上必要な各種器具を取り付けた「野戦パン焼装置」で、一個三三〇グラムのパンを一〇時間の作業で三八〇〇個焼き上げた。

さらに軍用トラックと共に移動する「野戦パン焼車」というものも活用していた。大きな竈をトラックの荷台に載せ、それに付属車一台を添えて二台一組で移動したのである。

付属車には製パンに必要な機器一切を積載する。この野戦パン焼車には通常三～五人の食糧作業兵が付き、一回の焼き上げで一個三三〇グラムのパンを六四個、一〇時間で一九二〇個のパンをつくることができた。

また、製パンの要領も細かく決められていた。「粗乾燥酵母使用直捏式《じかこねしき》製パン」の方法では、

①材料の配合　酛種《もとだね》は小麦粉三三キログラムにつき水九リットル、粗乾燥酵母一〇〇グラム、馬鈴薯一・五キログラム、白砂糖二〇〇グラム、食塩六〇グラムを用意する。

②材料の混合　粗乾燥酵母は三二℃の湯八〇〇ccを小容器に準備して、これに乾燥酵母一〇〇グラムを約一時間浸して溶かす。この際、湯に少量の砂糖を溶かしておくと、発酵が早くなる。馬鈴薯は水で洗い、皮付きのまま小さいものは二つ、大きいものは三から四つに切り、腐蝕している部分を取り除き、沸騰した湯二・五リットルに入れて約二〇分間煮沸する。

③馬鈴薯の混合　煮た馬鈴薯を種槽《たねそう》（注：酒樽のような深い桶に似た容器）に取り、十分に薯潰《いもつぶし》ですり潰し、白砂糖と食塩を加えてさらにすり混ぜる。十分に混ざったら、塊が発生しないよう馬鈴薯の煮汁と水を少しずつ加えてすりのばして約一〇リットルにする。

④温度調節　材料を上記のように配合した後に、温度が三〇℃に達していないときは湯を加え、三〇℃以上のときは水を加えて温度を調節する。また、この温度は夏は三〇℃、冬は三二℃とし、一一リットルの培養液とする。

　このように細部にわたり作業が決められていて、この後、本捏、発酵及び瓦斯《ガス》抜き、型詰、焼上作業と延々と作業手順が綿密に指示されていくのである。

　野戦行軍中の兵士の食事についても外国に目を向けてみよう。例えばドイツ。第二次大戦のドイツ軍の場合、前線で戦闘を展開している師団は、毎日パンをつくるための大量の穀物や水、燃料を持って歩かなければならない。そのため空から食糧補給隊が落下傘でパンなどを投下する方法もとっていた。しかし、時々温かい食事も必要となるので、中隊約二〇〇人ごとにフィールドキッチンを配備し、温かいシチューの類を提供していた。パンは師団レベルでまとめて焼くのであったが、焼くとなると煙が上り、敵の狙撃兵に居場所を教えるようなことになるので、そう毎日毎日パンを焼いて食べるようなことはなかったようだ。

　確かにドイツ軍には、戦場での食事のために「と畜製パン中隊」が存在していたのは事実だというが、あくまで最前線から遠い後方で、安全な作業環境がある場合に限り部隊活動が許されていた。このようにいつもパンを焼いていたわけではないので、当然調理しないで食べられるパンや缶詰を中心とした行軍食、携行食、戦闘食の類は必要となり、運び込んでいたが、日本軍とは比較にならないほど内容は充実していたようである。例えばドイツ軍の行軍食の場合、パン、ビスケット、ドライソーセージ、缶詰（シチューやコンビーフなど）、粉末ジュースなどであった。それに対し日本軍の例を見ると、圧縮口糧缶（玄米アラレ、乾燥煮干、梅干し、麩《ふ》ゴム玉入り羊羹《ようかん》、粉味噌、携帯甘酒、乾燥野菜）であった。

一方日本の海軍でのパン食はどうだったのかというと、これは意外に少ない。日清、日露戦争ではパンを多く食べていたが明治三一年（一八九八）以後は米麦食が増え、大正時代にもパンを減らし、昭和六年（一九三一）以降は港内で週三回、それ以外は支給しなくても良いとされた。ただし海軍の食内容がとても充実していたことは残されている資料からもわかる。「昭和一二年（一九三七）度練習艦隊印度洋航海中の兵食献立」の一例は次のようであった。一日目は朝食（米麦飯、里芋味噌汁、茄子《なす》辛子漬け）、昼食（米麦飯、鯛煮付け、茄子油煮、胡瓜《きゅうり》漬け）、夕食（米麦飯、牛野菜シチュー、大根漬け）、夜食（素麺）。六日目は朝食（米麦飯、若布《わかめ》味噌汁、福神漬け）、昼食（米麦飯、豚肉柳川もどき、沢庵《たくあん》漬け）、夕食（米麦飯、鰮《いわし》缶詰、煮込うどん、梅干し）、夜食（おじや）。陸軍兵の食事に比べると確かにハイカラでうまそうなものが目立つ。

さて戦前、戦中、戦後を通して日本の一般家庭や軍隊では常に主食の米が不足していたため、その代用として麦やジャガイモ、サツマイモ、トウモロコシ、雑穀、大豆、おからといったものも併用して食べていたのであるが、では一体なぜ米がそんなに不足して小麦でパンを焼いたり、蒸しパンをつくる必要があったのだろうか。実はその理由は幾つかあって、先ず第一に、日本は慢性的に米の収穫量が不足していたことである。明治以降、日本国内の米の消費量はどんどん上っており、それに対して生産量も高められていたのであるが、二〇世紀に入ると米の消費量はさらに上り、農民にはその量に対応するだけの労働力は無く、いっぽうで肥料に使う硫安や燐カリの生産量は減少し、需要に対して供給が追いつかない事態に陥っていた。第二の理由は、日本人の米は、植民地にその供給を大きく委ねていたところ、昭和一四年（一九三九）に朝鮮が大旱魃に見舞われ、米の移入ができなくなり、日本全体が米不足になったことである。以後、そのような繰り返しで、日本は常に米不足に悩んでいたのである。米が何不自由なく食べられた時には日本人は一日に一人平均三合の米を食べていたとされ、三人家族なら一日九合の米が消費された。当時は一家族三人などというのは非常に少ない方で、五人前後が平均だったことを考えると、日本全国では確かに米の消費量は不足するのが当り前だったのである。植民地に主食生産の多くを委ねたのは日本人の大きな間違いだったといえよう。

七　鰹節

日本人の食生活でいちばん硬い食べものは何かと問われれば、たいていの人はおそらく「鰹節《かつおぶし》」と答えるだろう。まさにそのとおり。日本にはこれに勝る堅強な食品はほかに見当らない。いや、世界中の星の数ほどある食べものの中でも、鰹節を超える硬さをもつものは、そう滅多にあるはずはなく、鰹節は「日本人がつくった世界一硬い食品」とみてさしつかえあるまい。その鰹節が発酵食品だと知っている人は少ないのではないか。実はそこには日本人が考え出したすばらしい発酵の知恵が数多く盛り込まれており、そこから滲み出てくる味と香りには、日本食文化の原点さえ感じる。

鰹節の原形は、平安時代の法典『延喜式』にみられる「堅魚《かたうお》」という素干《すぼし》品の保存食であろうが、今日のような燻製《くんせい》品が考案されたのは、江戸時代の延宝二年（一六七四）といわれる。その製法は、原料の鰹を三枚におろし、その身を煮籠《にかご》に入れて、一時間半ほど煮たあと冷《さ》ます。そして、骨抜きしてから底を簀《す》の子《こ》張りした木の箱に四、五枚重ねて入れ、焙乾《ばいかん》室で堅い薪材《まきざい》を燃やしていぶし、乾燥する。この焙乾のやり方は、まず八五℃で約一時間、これを五日間繰り返す。このあと火を弱めて、さらに数回繰り返す。そして最後に三〜四日間、日光で乾燥すると荒節《あらぶし》が得られる。

さて、日本人の驚くべき知恵はここから先である。荒節を舟形に整形削りをし（これを裸節《はだかぶし》という）これを四〜五日間ほど日光に乾かしてから、つねに使用している黴《かび》づけ用の樽、または箱に入れて密封する。この容器内には、麹黴《こうじかび》の一種、アスペルギルス・グラウカスの胞子が多数生息しているから、その中に裸節を二週間も入れておくと、表面には黴が密生する（一番黴）。これを取り出して白乾《しらほ》しし、黴を刷毛でこすりとり、ふたたび黴づけ容器に詰める。二週間ほどして、また黴が密生する（二番黴）から、前と同様の作業を繰り返し、こうして三番黴、四番黴をつけ、最後に十分に乾燥して製品ができあがる。

さて、あの石のように堅い鰹節の秘密は、この黴の威力によるもの。世界中がまだ微生物の知識をほとんどもたなかった江戸・延宝時代に、わが日本人はじつに巧妙に黴を利用して、堅強な保存食品をつくり出していたのである。単に焙乾しただけでは、生節《なまぶし》の表面は乾燥するものの、内部まで硬くはならない。また焙乾だけした鰹節では、乾燥にムラが出て、削っているうちに表面からボロボロと崩れてしまう。だが、ここに黴をつけてやると、節の表面に生息しようとする黴はその繁殖にかなりの量の水分を必要とするから、節の内部から表面に水分を吸い上げ、その水を生きる糧《かて》として利用することになる。おかげで、節は内部から理想的な形で水分が除かれ、硬く乾燥するわけである。また、蛋白質分解酵素は節の蛋白質を分解してうま味のもととなるアミノ酸をつくりだし、同時に黴がつくってくれたイノシン酸は、そのアミノ酸との相乗作用で鰹節特有のうま味を私たちに与えてくれる。

黴は湿度の多い環境を好むから、乾燥気候の西欧に黴食文化はない（例外として、カマンベールのような黴づけしたチーズは見られるが）。だが、湿度の多い国土に生きてきた日本人は、微細な生物の黴をじつに巧みに利用して、驚くべき知恵の結晶ともいえる日本酒、焼酎、味噌、醤油、味醂、米酢などと共に鰹節まで、麴黴の食文化をつくりあげたのである。

さて、その平和のシンボルのような鰹節も、戦さの中に在って話題多い存在として取沙汰されてきたのである。初期の鰹節がつくられ始めた室町中期、先ず賞味し、利用したのは公家と武士階級であるが、その食習も、宮廷はその美味しさを料理の味付けに使ったのに対し、武士の間では単に宮廷の物真似をしただけではなかった。それは武士にとって受け入れるに相応《ふさわ》しい、高い価値を有する必需品と見立てたからである。
すなわち「縁起《えんぎ》担《かつ》ぎ」である。常に生死の関頭《かんとう》に立たされているだけに、武士たちは真剣になって縁起を担ぐ必要がある。そこで出陣や凱旋に際して、打《う》ち鮑《あわび》（熨斗《のし》鮑）、搗《か》ち栗、昆布を飾った儀式を行い、そこに必ず鰹節を供えるのである。つまり敵に「打ち、勝ち、喜ぶ」という願いとともに、鰹節もまた「勝男武士《かつおぶし》」に通じるという祈りが込められているのである。そして、これが武士階級の風習だけにとどまらず、鰹節は一般庶民の婚礼や誕生、節句、地鎮、新築、祭礼など各種の祝儀の席にも縁起物として供えられるようになったのである。

また鰹節は「勝男武士」という語呂が良いと喜ばれただけでなく、美味で、それが体に入って精気の源になると知られると、今度は戦陣の携帯食として、また籠城用の非常食あるいは保存食として、実戦にも役立てられるようになった。例えば『三河物語』（江戸初期、徳川家の譜代として君主に忠実に奉公してきた大久保忠教《ただたか》の作。その家筋を誇り、子々孫々に至るまで忠勤に励むことを説いた書）の「軍議分類」には次のような記述が見える。「鰹節を上皮けづりて、中を帯にはさみ、物前《ものまえ》（戦いが始まる前）にても、又ひだるきとき（注：空腹のとき、あるいはひもじいとき）も噛み候へば、事之外《ことのほか》力になる由」

また『武教全書《ぶきょうぜんしょ》』（兵学者・儒学者で山鹿流始祖山鹿素行《やまがそこう》が明暦二年（一六五六）に著した山鹿流兵学伝授書）にも、「鰹節は薬剤に非ずと云とも、時として飢に及ぶ時、是を噛まば性気を助け、気を増し、飢を凌ぐのみならず、功ある物なれば必ず用意すべき事也」とあり、兵糧としての絶大な効果を認め携帯を必需としている。この書のほかに『訓蒙士業鈔《くんもうしぎょうしょう》』（多々良真任《たたらさねとう》著、元文元年、一七三六刊）や『武門要秘録《ぶもんようひろく》』（作者不詳、江戸後期）、『武学拾粋《ぶがくしゅうすい》』（高遠藩士星野常富《つねとみ》〔葛山《かつさん》〕著、文政五年、一八二二刊）などが陣中の兵糧として鰹節の必携を説いている。鰹節以外では、これらの武学書に共通して取り上げられたものはなく、乾飯、焼塩、味噌と並んで鰹節こそ最強の兵糧とされていた。

鰹節を兵糧食として使う場合、当座の用に鰹節そのままを腰に付けて携える「腰兵糧《こしびょうろう》」以外にも、他の精気を付ける食品と共に調合して「兵糧丸《ひょうろうがん》」をつくり、それを持参することも少なくなかった。その調合法は実に様々な兵書に記述されていて、興味がそそられる。

「堅魚節、野老《トコロ》（ヤマノイモ）、糯米《もちごめ》、此ノ三色、等分粉ニシ、大丸トナシ、人ニ依テ一丸、或ハ二、三丸ヲ与レバ、一日ヲ心易ク経ル」（『神武権備集』）。「土佐《とさ》松魚《かつお》節百目《ひやくめ》、薯蕷《やまのいも》生ニテ三百目ヲ山葵卸《わさびおろし》ニテ摺リ、コレニ饂飩《うどん》粉百目入レ、摺芋ヘ、焼塩一両、上品砂糖五両入レテ煉リ交ゼ、煉固メ、餅ノ如クシテ蒸ス也（『武家精談』、百目は三七五グラム、一両は一

戦時中の鰹節づくり（写真は立石常次郎商店提供）

五グラム）。「寒晒《かんざらし》の米十五匁《もんめ》、蕎麦粉五匁、鰹節三十匁、鰻白干三十匁、梅干肉三十匁、生松の赤肌三十匁右粉にし（中略）径五分是程に丸ず、一日に二、三粒づつ用ひて、七日、八日或いは十日まで飯《めし》もくるしからず」（『甲州流秘書』）、一匁は三・七五グラム）。この秘伝の丸薬を食べれば、飯無しで七日か八日、あるいは一〇日まで持つと信じられていたのも面白い。

　第二次大戦中に、東京の鰹節問屋組合が戦地の兵士に鰹節を送ろうと国民に呼びかけた珍しいポスターが残されている。そのポスターには「戦地の営養　勝男武士」と中央上に大きく書かれ、その脇に「慰問袋にはかつをぶしを」とあって、下段に「東京鰹節問屋商業組合」とある。中央の絵には、戦地の兵士七人が鰹節を使った料理を囲み嬉しそうに食事をする風景が描かれている。日本国内の家族からの慰問袋に入った鰹節を手にしたら、戦場の兵士たちは恐らく歓喜したに違いない。常に恐怖心や疲弊に襲われている戦場の兵士たちにとっては、美味しく体に良い鰹節はたしかに嬉しいのであるが、それ以上に小さい時から家族と共に食べてきた鰹節の匂いや味に郷愁を呼び起こされて涙したであろう。

戦時中は統制下の時代であり、カツオ節菌を付けた本格的な本枯《ほんがれ》節（枯節ともいう発酵鰹節）の製造は極めてわずかであった。その代用として鯖《さば》節（ゴマサバが原料で乾燥させて削ったもの）や花鰹（カツオ節菌を付けずに鰹の荒節を削ったもの）、煮干、雑魚《ざこ》節粉（小アジや小イワシなどを干してから粉にしたもの）などさまざまあった。

八　チーズ

ナチュラルチーズ（加熱殺菌処理されていないチーズ）はすぐに傷んで長持ちしない弱点を持っていた。欧米のチーズ生産国の兵士たちは子供の時からチーズを食べて育ってきたので、彼らにとっては日常食のようなものであったが、そのような理由で戦場でのチーズの調達は簡単なものではなかった。そんな状況の中、一九一六年にチーズ業界に革命が起こった。アメリカ人のジェイムズ・クラフトがナチュラルチーズを溶かして乳化剤として塩を加えるという方法でプロセスチーズをつくり、この特許を取得。これにより長期保存可能なチーズが普及した。ちょうどその時は第一次世界大戦が勃発して二年後のことで、その特許の使用権をめぐって各国は鎬《しのぎ》を削ったが、結局クラフトはアメリカ政府に二七〇〇トンものプロセスチーズを売った。一方アメリカ軍はチーズから水を抜く脱水法を考案し、さらに噴霧乾燥して粉チーズをつくることに成功。この粉チーズは、ナチュラルチーズやプロセスチーズよりも保存性が格段に良くなり、以後アメリカでは戦地にパウダーチーズを持ち込むようになって兵士の士気を高めたということである。

日本でチーズが商業的につくられるようになったのは昭和の時代に入ってからで、今の明治や森永乳業、そして雪印メグミルクの前身で酪農家の組合からスタートした北海道製酪販売組合連合会（酪連）が、日本では難しいといわれていたチーズの商品化に本格的に取り組んだのである。以下、雪印メグミルクのＨＰ（「チーズクラブ」）を参照しながら昭和期にチーズが日本の食卓に根づくまでを辿ってみる。酪連が昭和九年（一九三四）、ＰＲ用に作成したパンフレット『和洋バター料理之栞《しおり》 附チーズ料理』は、女学校の卒業式などで配布されたというが、これを見るとチーズとバターはまだまだ普及していなかったことがわかる。以下パンフレットの文章。

「一、食卓用としてはチーズを厚さ二〜三分の一寸二〜三分角に薄く切り、洋皿に体裁良く斜めに並べてこれを出します。普通洋食の場合には食事の終りにこれを食べます。

二、おやつの時にはチーズをパン、ビスケット又はクラッカー等を添えて出し、珈琲、紅茶を飲みながら食べますと実に美味しくいただけます。

三、サンドウイッチ用としてはチーズを一分五厘乃至《ないし》二分厚さに切り之《これ》を薄切りにしてバターを塗ったパンの上に並べ好みにより辛子を少量表面に塗りさらにパンにてはさみ、パンを三角または長方形に切る時は美味しいサンドウイッチができます。（中略）登山、遠足、スキー等には軽くて携行に便利であります」

このような状況があって、わが国ではその後、チーズの愛好は漸次増加したが、その大部分はまだ舶来品であった。そこで酪連は昭和九年（一九三四）「日本人の栄養は日本人の手で」を合言葉に、乳製品の国産独立を期して「雪印北海道チーズ」を製造し始めた。製造を担った遠浅工場（今の北海道勇払郡安平町）では、酪農に望みをかけ、滝川から集団で移住してきた三二戸の農家が運営に当ったという。農家が当番制で集乳し、馬車で工場に運んでナチュラルチーズを製造、それをプロセスチーズに加工した。これが国産チーズの原点といわれている。

そのチーズは大評判となり、初年度の生産量は一三・一トンであったが年々増え、大戦中の昭和一七年（一九四二）には二二一・九トンにまで達した。しかし戦争の激化と戦況の悪化により生産量がダウン。その上、日本軍の木製航空機の強力接着剤となるカゼイン（牛乳蛋白質の主要部分）の増産が行われ出して、不要不急のチーズの製造はほとんどストップした。戦争が終っても全ての面で物資不足の日本ではチーズの生産は期待できず、連合国軍総司令部（ＧＨＱ）の仕切りでアメリカから乳製品が大量に入るようになった。昭和二六年（一九五一）、ナチュラルチーズの輸入が自由化されると、多くの食品関連会社が参入できるようになり、昭和三一年（一九五六）の約二〇〇トンから昭和三七年（一九六二）には八六二九トンとなり、六年間で四倍もの増加となった。以後は日本人の食生活の洋風化や学校給食の普及などにより、チーズは今日の繁栄に向っていく。

一方、海外でのエピソードもある。一八四一年、南アメリカのアルゼンチンと隣接するウルグアイとは海峡協定をめぐって交戦状態であった。その年の八月、ウルグアイを支援するアメリカのジョン・コウ海軍大尉が指揮するウルグアイ艦隊が、アルゼンチンを支援するイギリスのウィリアム・ブラウン提督率いるアルゼンチン艦隊と大西洋上で遭遇、交戦となった。戦況は互角であったが、ウルグアイ艦隊の弾丸が尽きたため、アルゼンチン艦隊がとどめを刺すべく全速で接近した。ウルグアイ艦隊が白旗を上げて降伏をしようとしたとき、コウ大尉は丸い大きな固いチーズの箱が沢山積んであるのに気付き、「あのチーズを大砲に詰めて弾にして撃て」と命じた。どうせこのまま戦死するなら、チーズを残しても意味はないと思ったのかも知れない。弾切れと思われた敵艦隊から突如、砲弾が飛んできたのに驚いたのはアルゼンチン艦隊。ブラウン提督はとっさに自らの艦隊に射程外に全速力で退避するよう命じ、この間にウルグアイ艦隊は急いでその現場から離れ、一人も命を落すことがなかったという。チーズが多くの艦隊員の命を救ったという、本当の話である。

大戦中のチーズ製造用乳槽

　この時に役立った丸く固く大きなチーズであるが、近世のヨーロッパ大陸やアメリカ大陸での戦争では、兵士たちのためにチーズは不可欠の兵糧食で、戦争の規模にもよるが、遠征が長引く場合には、何十トンという大量のチーズが戦場に運ばれたのである。実は私は今から二〇年も前、その大砲の弾に使われたチーズとほとんど同じような固くて大きくて丸いものをジョージア（旧グルジア）で見たことがあり、それはナポレオン戦争の頃のものだという。当時私は発酵食品や酒の調査で世界中を回っていて、たまたまトルコのアンカラからジープで陸路カイセリー、シバス、エルズルムを経由して、国境を越えて今はジョージアと呼称が変わったグルジアに入った。何もオスマントルコと十字軍の足跡を辿る旅という訳ではなく、その時の目的はワインについて調べることであった。グルジアの南オセチア地方は、地球上で最初にワインがつくられたという古い記録が残っており、世界中の学者たちがその発祥の地と認めているところなのである。そこには昔ながらのぶどうの栽培法や仕込みの方法、発酵と熟成のやり方など古い醸造法が残っており、ぜひ一度見ておきたいと思っていたのである。

アンカラから出発して、途中の街エルズルムにあるアタチュルク大学図書館で三日ほど調べものをし、遠く右手にアララット山を見ながら二〇〇〇メートル近い高地の道路を北に進んだ。そして国境を越えグルジアに入った。首都トビリシまで約二〇〇〇キロメートル、目的地の南オセチアのツヒンバリまで約一〇〇キロメートルである。その間、私たちは幾つかの農家を訪ね歩いた。なぜかというと、それぞれの農家がぶどう畑を持っていてそこでぶどうを栽培し、それを自分の家で発酵させてワインをつくっているためである。つまり、あの辺りのワインは農家の自家醸造ということになる。彼らは家の土間に大きな甕《かめ》を埋めて、その中にぶどう果汁を入れて発酵させるのである。

さて、話はここからである。どの農家でも牛を二頭から三頭飼っていて、また山羊《やぎ》も何頭か飼っている。それで乳を搾って自家製チーズをつくり、街に持って行って市場で売るのである。そのような典型的なグルジア農家を訪ねたときのことだ。そこの農家の主人は、ワインの話などそっちのけにして、私たちにチーズの売り込みを始めたのである。

「チーズに興味あるかね？　実はこの家の隣が俺のチーズ蔵なんだが、いろいろなチーズが寝かせてある。見てみるかい？」と言う。勿論私たちは発酵学を専門にしているので、チーズも研究テーマのひとつである。

「それはすばらしい。ぜひ見せて欲しい」と返事すると、主人はそのチーズ蔵に案内してくれた。チーズ蔵といってもやや大きめの納屋のようなもので、そこへ入ると一階には麦やジャガイモ、タマネギ、トウガラシ、ニンニク、カボチャなどが置いてあり農産物倉庫といった風である。階段を上って二階に行くと、そこには木の箱がたくさん置いてあって確かにチーズ蔵の様相だ。

「この箱に入っているチーズは街に出荷するものだ。今はここで少しの間寝かせてあるのさ」と主人は言ってから、さらに奥の方に案内してくれ、やや大きな冷蔵庫の前に来ると、「食べてみるかい？　いい味してるよ」と言うので勿論、と返事すると、冷蔵庫からカッテージチーズを出してきて、ナイフで切って渡してくれた。食べてみるとたしかに美味い。「もし土産に買って行くならこれがいいな。これは日持ちもいいし……」と言って大きな餅のような、円盤形の白いチーズを出してきた。もう商売の始まりだ。

「スルグニというチーズだよ。削って料理に使うといい」と言う。持ってみるとズシリと重い。私が、「日本まで持って帰れないのでいらないです」と言うと、残念そうな顔をしていた。そしてまた、「この村で一番古い山羊の乳でつくったチーズがある。見てみるかね」と言う。勿論、見る、見る、見せてと返事すると、一番奥に樫樽のようなものが二つ置いてあり、そのうちのひと樽の内蓋を開け、中からチーズを一個取り出した。そのチーズを見て私はギョッとした。それは黒い球状のチーズで、大きさは硬式野球ボールをひと回り小さくしたぐらいであった。

　主人が村で一番古いチーズだと言っていたので、私は「そのチーズはいつつくられたのですか」と聞くと、「ナポレオン戦争の時だよ」と言うのである。というと、当時でも二

○○年以上前のことである。そのチーズが「今この樽の中に八七個あるんだ」という。私が、「ナポレオン戦争のときにつくられたって、なぜわかるのですか」と聞くと、「儂《わし》の父親が祖父から引き継ぎ、その祖父は曾祖父から引き継いだもので、その書き置きが残っているよ」と言うのである。この話を聞き、ナポレオン戦争時につくられたというチーズを目の前にして私は感動した。

そのチーズを持たせてもらうとガッチリしていてとても重く、二○○年も経っているのに虫喰いの跡はひとつも無い。表面全体が黒くなっているのは、長い間空気と接触していて酸化変色をしたのであろう。こんなチャンスはなかなかないぞと思って、

「このチーズを研究したいので分けてくださいませんか？　お金はあなたの言う通りに支払います」と言うと、主人はとたんに嬉しそうな顔になり、二個売ってくれることになった。それが二個で八○ラリ、日本円で一個約二○○○円であった。

私たちはその日の夜、泊まっているホテルの庭にあった石の上にナポレオン戦争時代につくられたチーズを一個置いて、借りてきたハンマーで叩き割ってみた。ゴツンと割ったらグズグズと崩れてチーズの中は美しい飴色《あめいろ》であった。驚いたことに、よほどカチコチに固まって堅かったのであろう、割れ口の表面は黒曜石を割ったようにテカテカに光沢があ

って、その先端が鋭利な剃刀《かみそり》の刃先のようになっていた。
崩れてきたチーズの小塊を一片口に入れて食べてみると、いやはやまたまたびっくり仰天。チーズが口中で溶けてきたと思ったら、途端にもの凄く塩《しょ》っぱい味が襲ってきたのである。あまりの塩っぱさにとてもチーズの味どころの騒ぎではなくなった。それにしてもここでひとつの疑問が出てきた。これほど塩を加えたのでは山羊の乳を発酵させるとき、おそらく乳酸菌は活動できなかったのではなかろうか、ということである。ところがこの疑問、そしてなぜそんなに塩を加える必要があったのかという疑問は直ぐに解決された。

トビリシの郊外にあるグルジア農業大学を訪ね、畜産学部のギオルギ・ジャネリゼ教授に教えてもらったのである。その塩っぱいチーズは、戦争という非常事態下でいざという時に持って逃げられる保存用としてつくられたチーズで、塩がないと人間は生きていけないので、チーズで塩を固めたものだという。こうするとチーズには豊富な蛋白質や脂肪が含まれているので、栄養補給にも役立つ。食べるときはこれを必要なだけ削り取って料理の塩味付けにするという。また、乳酸菌の疑問については、これは一度通常の方法でチーズをつくった後にそれをほぐして塩と混ぜ、頑強に練り固めたものだということであった。そして教授は、最後に次のような事を話してくれた。

「ナポレオン時代の軍隊用のチーズは、保存食品兼塩分補給食品兼蛋白供給食品だったと考えてよろしい。特に塩は生命維持にとって極めて重要なもので、不足すると兵隊の命をも左右しかねない。そのような大切な塩を、美味しいチーズに閉じ込めている。それを食べたら、兵隊の士気も一層高まったのではないだろうか」

九　甘酒

甘酒は蒸した米に麹菌を生やして米麹をつくり、その米麹に炊いた飯《めし》を少し加えてから湯を注いで、それを炬燵《こたつ》の中あたりの温かいところに置くと、一日後には甘くて美味い液体となる飲みものである。その原理は、米麹中の糖化酵素（麹菌がつくる）が米のデンプンに作用してぶどう糖をつくるから甘くなるのである。戦時中は、日本人の主食の米が大幅に不足し、とても甘酒などつくって飲む状況ではなかった。そのため甘酒はさまざまに変形していく。例えば茨城県の例では、サツマイモを蒸してから潰し、それを容器に入れて湯を加え、そこにわずかの量の糖化剤「麹」を加えて糖化し、サツマイモ甘酒をつくって東京に出荷したところ、甘味に飢えていた東京人は争うように買い求めたということである。

それを見て東京の近郊県の農家には、小麦粉や大豆粉のほかに粟《あわ》や黍《きび》、トウモロコシ、稗《ひえ》といった雑穀まで原料にして、それを蒸し、麹菌を付けて麹とし、それで甘酒をつくって東京に闇で出していた知恵者もいた。

大戦中の昭和一八年（一九四三）、日本醸造協会の機関誌に「甘酒の研究」という記事が載った。戦争が日増しに激しくなる中で、苦境に喘ぐ当時の人々が一杯の甘酒に思い耽っていたのである。その本では、庶民の飲みものである甘酒をさまざまな角度から描写し、また戦時下での甘酒のつくり方などを述べている。

この記事では先ず、このような状況下であるから、街で売られている多くの甘酒は米や米麹を使ったものではなく砂糖や水飴などを使って甘くしてある、つまり本物ではないので注意せよ、といったようなことが書かれている。そして、せっかく貴重な米を使うのであるから腐らせてしまうことは許されない。特に注意すべきことは納豆菌の侵入である。糖化中の甘酒に納豆菌が入ってくると、糸を引いてドロドロとなり、匂いも納豆臭が付いてとても飲めたものではない。それには糖化温度が大切で、五五℃で八時間保持を守ることである。それより少し長くなると直ぐに納豆菌が来てネバ（粘液）が出る。また納豆を食べた人や納豆に触れたりした人は甘酒づくりに立ち会わないことなどを注意している。

また使用する米は、日本米（ジャポニカ米）を使ったほうが外米（インディカ米）を使うのと比べて糖分が多く出て甘くて美味い。もし外米を使うときには、一度蒸しではなく、二度蒸しを行なうことである。甘酒には通常の瓶に入れる液体状のものと、固練《かたね》りと呼ぶ半固体状のものがある。液体状の普通品はそのまま飲むが、固練りを飲むときは湯で溶かしてから飲む。普通品の汲水《くみみず》は一五〜二〇水程度がちょうどよい（一五〜二〇水というのは米麹に対する水の割合）。汲水に加える食塩の量は、一五水の仕込みの場合、汲水に対して〇・一〜〇・二%がよいであろう、とある。

十　チョコレート

チョコレートは立派な発酵食品である。原料はカカオ豆で、コートジボアールやガーナ、インドネシアなどで生産されるカカオ豆は、焙煎（ロースト）し、潰《つぶ》して油脂を抽出する。その油脂をカカオバターといい、搾油されたときの搾り粕をカカオマスという。そのカカオマスとカカオバター、砂糖、粉乳などを加えて練り固めたものがチョコレートである。

この製造工程で発酵作用が行われるのであるが、それは原料のカカオ豆を処理するところにある。カカオ豆はアオイ科の植物の種子《たね》で、カカオポッドと呼ばれる長さ一五〜三〇センチメートル、直径八〜一〇センチメートルほどの実の中に入っている。このカカオポッドからカカオ豆を取り出すときに発酵処理を行うのである。カカオポッドの中のカカオ豆は果肉に包まれていて、これをバナナの葉などに包んで発酵させる。この時に果肉は乳酸菌による乳酸発酵、酵母によるアルコール発酵が起り、さらにそこで酢酸菌が生育して酢酸も出来る。この発酵により出来上ったチョコレートに酸味や軽快な発酵香などが付き、独特の風味が付与されるのである。この発酵の具合は気温や関与発酵菌によって地域ごとに異なるため、チョコレートをつくった国や場所によって味や香りが異なり、個性が生まれるのである。

こうして出来上ったチョコレートには、実にさまざまな天然成分が含まれているので、軍隊の兵士に食べさせ、士気高揚やカロリー補給などを目的に利用したのが「アメリカ軍用チョコレート」である。

アメリカ兵とチョコレートという取り合わせは日本人としても終戦直後の風景とともにいかにもしっくり来る感じがするが、アメリカ軍では一九三七年に軍の標準配給品（レーション）の一つとして兵士に支給されたのが最初で、以来、現在に至るまでその関係は連綿と続いている。以下に第二次大戦期の軍用チョコレートが辿った開発・採用・改良といった大まかな流れとエピソードを追ってみる。

そもそも非常用野戦食としての軍用チョコレートには、次の三項目が必要条件として求められていた。まず高エネルギー（カロリー）であること、次に小型軽量かつ包装がしっかりとしていて携帯が容易であること、そして三つめが高温に耐えられることである。耐熱性が特に重要視されたのは、歩兵は当然、熱帯や砂漠での行動も想定される上、チョコレートをポケットに入れて持ち歩けば、身体に密着して体温にも晒されるためである。

アメリカの軍用チョコレートは「HERSHEY'S」のロゴで知られるチョコレート最大手のハーシーがその大部分を製造することになるが、一九三七年四月にアメリカ陸軍軍需品科のポール・ローガン大佐がハーシーに最初に開発を依頼したのは、「D－レーションバー」と呼ばれる携帯非常食D号だった。大佐の要求は四つ。①重量は四オンス（約一一〇グラム）であること、②食品としてカロリー値が高いこと、③高温に耐えられること、④味は「茹でたジャガイモよりややましな程度」であることだった。軍用チョコレートはあくまで非常用食糧なので、嗜好品として気軽に食べてしまわぬようわざと不味くしたということだろう。この耐熱性チョコレートは嚙み砕くのに苦労するほど硬く、こげ茶色で、約五〇℃の高温にも耐え、四オンスの三個入りパックだけで兵士一人が一日に最低限必要とする一八〇〇キロカロリーが補給できるとされた。

さらに一九四三年になると、陸軍調達部は風味と耐熱性を改良した菓子タイプのチョコレート製造をハーシー側に打診。この結果つくられた「ハーシーズ・トロピカル・バー」の風味と形は、今度は兵士たちにも歓迎されて、Dーレーションバーとともに第二次大戦終了時まで生産体制の拡大を継続して行ったという。その後も、改良型のトロピカル・バーの方は標準配給品として朝鮮戦争とベトナム戦争で兵士に携行され、さらにはアポロ15号の宇宙食にも採用された。またハーシーは、一九九〇年の湾岸戦争では「デザート・バー」（砂漠バー）という名称の六〇℃以上にも耐える新たな耐熱チョコレートを開発・出荷した。

アメリカ軍とチョコレートといえば、日本では終戦直後に進駐軍が全国各地で日本人にチョコレートを与えたために「ギブミーチョコレート」とカタカナ英語で子供たちがチョコレートをねだったことは有名な話で、実は筆者も小学校の低学年のときにジープで町にやってきた四人組のアメリカ人にもらったことを覚えている。

進駐軍のチョコレートをめぐっては、米兵個人によるレーションの進呈から慈善事業による配布まで行われ、アメリカに対する日本人の好意醸成のための活動だったとか、ある

米兵にチョコレートをねだる子供たち（『日本生活文化史（10）』河出書房新社より）

いは日本政府がチョコレート代を支払った事業だったなどと、さまざまな憶測を呼んだことも、今にしてみれば懐かしいことである。

それでは第二次世界大戦下での日本軍とチョコレートの関係はどうだったのであろうか。実はこの係り合いは、かなり密接なのである。日本では戦争前は菓子メーカーがチョコレートの生産を行っていたのであるが、日中戦争に突入していた昭和一四年（一九三九）からは南米を中心としたカカオ豆の大生産地からの輸入はできなくなってしまった。ところが日本は、アジアのカカオ豆の生産地域であるマレーシア（当時イギリス領マラヤ）やインドネシア（当時オランダ領）を占領していたため、菓子メーカーはそこからなんとか買い付けてチョコレートの製造は続けられた。しかしそのうちに、カカオ豆は軍によって統制され、軍のための医薬品やチョコレートの製造に向けられたのである。軍の要請を受けて、日本の有力菓子メーカーは現地に社員を派遣してチョコレートの製造を行っており、またカカオバターは解熱剤や座薬の材料としても使われていたので、製薬メーカーも社員を派遣して薬をつくっていたのである。

軍はその頃、戦闘機や輸送機のパイロット向けに居眠りの防止食としてカフェイン入りのチョコレートをつくらせている。現在の戦闘機は自動操縦機能が付いているが、そのころは無かったので一瞬たりとも眠ることは許されなかったのである。実は操縦中のパイロットは、時にして強烈な眠気に襲われることを軍の関係者は知っていたからだといわれている。

さらに軍人向けのチョコレートは海軍にも配られていた。それは、潜水艦の乗組員に振《しん》気食《きしよく》（気を奮い立たせる食べもの）として配るためで、カフェイン入りで溶けづらいチョコレートを菓子メーカーにつくらせたのである。潜水艦の中は狭くて外に行くこともできず、長時間それに耐えなくてはならない。戦闘意欲を持続させ、それを落とさせないためには、緊張感と興奮感を持続できるチョコレートが必要であったのである。また、潜水艦の中は四〇℃を超える暑さになるので、溶けないことは非常に重要で、そのためある製薬会社が特殊な機械でチョコレートを圧縮し、その製造に成功している。

一方、戦時下あるいは終戦直後の物不足は深刻で、昭和一五年（一九四〇）から昭和二五年（一九五〇）の一〇年間は、チョコレートはすっかり庶民の口から遠のき、高嶺の花になってしまった。そこで庶民でも食べられるようにしようと生まれたのが代用チョコレートである。カカオ豆の代用にはユリ根やチューリップの球根、オクラ、菊芋、チコリ、イモ類、小豆などが使われ、ホワイトバターの代用にはヤシ油、大豆油、藪肉桂《やぶにっけい》油（藪肉桂は楠《くすのき》科の常緑樹で、種子から精油がとれる）などが用いられて、香り付けは合成香料のバニラエッセンスであった。こうして出来上った代用チョコレートは「グル・チョコレート」と名付けられたが、グルとはグルコース（ぶどう糖）の略である。本物のチョコレートには砂糖を使うが、これも当時は品不足だったので、デンプンを分解してつくったぶどう糖で代用させたのである。本物のチョコレートと比べると香味がかなり劣ったというが、子供たちは大いに喜んで食べたということである。

十一　紅茶

紅茶は立派な発酵茶である。茶葉を摘採後、速やかに加熱して酵素を失活させて発酵を止めるのが通常日本茶といわれる緑茶であるのに対し、酵素を働かせて特有の芳香や色を生成させ、黒褐色の製品にするのが紅茶である。

その製法は、摘採した茶葉をまず風通しのよい萎凋室《いちょうしつ》に移し、二二〜二七℃の室温で一五時間以上静置し、生葉中の水分を三〇〜四〇％蒸散させる。こうして柔軟になった茶葉を揉捻機《じゅうねんき》にかけ、圧縮しながら四五〜九〇分間揉むと、今度は水分やタンニンが浸出して酸化発酵が活発になり、茶葉は褐色を帯びてくる。これをふるい分けして、完全に揉捻されたものは堆積発酵の工程に回し、不完全なものは再度揉捻を繰り返す。堆積発酵は室温二〇〜三〇℃、湿度八〇〜九〇％の発酵室内に揉捻を終えた茶葉を二時間以上静置するもので、この工程において紅茶の色と香りが完成されるのである。これを乾燥機にかけ、八〇〜九〇℃で二〇〜三〇分乾燥させると発酵が止まり、水分四％程度の荒茶が出来上る。この荒茶を篩《ふるい》にかけて、形やサイズを揃え、茎その他の夾雑物を取り除き、紅茶の完成である。以上、紅茶は、これだけ複雑な発酵過程をほどこして完成するのである。

その紅茶は世界史をも動かしてきた。

一八四〇年六月、イギリスが中国との貿易関係のもつれから戦争に踏み切った。当時のイギリスは、戦争の原因を「英国外交官への攻撃」と主張していたが、ほんとうの理由は別にあった。イギリスは中国からの輸入品である紅茶を、懐を痛めずに手に入れたいがために、麻薬である阿片を中国への輸出品に用いたことが、戦争の引き金になったのである。

その詳細を次に述べる。今では世界の幾つかの国が紅茶の茶葉を生産しているが、一八世紀後半は中国がほぼ独占していて、「紅茶が欲しいなら中国と貿易するしかない」という状態であった。当時イギリスでは紅茶が大流行していて、中国から茶葉を大量に輸入していたのである。ところが、イギリスからは中国に輸出するものは少なかったため、茶葉を手に入れるために仕方なく貴重品である国有の銀で支払いをしていた。「茶葉」と引き換えに「銀」を払う、そんな貿易では当然赤字になってしまい、この関係を打破しようとイギリスは無謀な考えを思いついた。それは、中毒性の強い阿片を阿片商人を通して中国に輸出し、裏ではその対価で茶葉を買うということであった。このイギリスの欺瞞に気づかなかった中国は、イギリスから阿片を輸入し、またイギリスに茶葉を輸出した。

その結果、中国全土に阿片が広まり、中毒患者が続出したのである。事態を重くみた中国政府は、何度も阿片を禁止する法律を施行したが、効果は薄く密輸が横行し、中毒患者は増加するばかりであった。一方でイギリスは、国有する銀を放出することなく茶葉を手に入れることができたのである。こうして阿片が蔓延し、銀の流入も減少した中国は、生産力が低下し国力も弱くなっていったのである。そこで中国政府は、「これ以上阿片を取り締まるのは不可能だから、阿片に重い関税を掛けて阿片の値を上げよう。こうすれば国民の手に阿片は渡り難くなる」と考え、それを実行しようとした。

するとその時、中国の林則徐《りんそくじょ》という高官は、「いやいや、阿片は完全に中国から排除すべきだ」と政府に進言し、徹底的な取り締まりを開始した。そして林則徐は阿片商人に対し「今後阿片を売り買いしたら死刑に処す」と宣言し、誓約書を書かせた。それ以降は、イギリス人が持ってきた阿片は全て没収し焼却処分にしたのである。廃棄した阿片の量はなんと一四〇〇トン以上あったといわれている。林則徐の徹底した取り締まりに身の危険を感じた中国在任のイギリス外交官チャールズ・エリオット大佐は、一八三九年にマカオに退去。すると元々イギリスのことを快く思っていなかった林則徐は、マカオを武力封鎖してエリオットを締め出したのである。

エリオットは船上に避難してイギリス政府に救援を求めた。イギリス政府は直ちに中国への出兵という行動を開始したが、イギリス議会の中にはイギリスが持ち込んだ阿片が原因の戦争となるのはいかがなものかと、出兵に反対の意見もあった。しかし採決の結果僅差で中国出兵が決まり、阿片戦争の幕が開いたのである。

こうして一八四〇年、イギリスの艦隊は中国に侵攻するが、当時の中国は地上戦は得意としていたが海上戦となると装備や戦術がまるで整っていない。対するイギリスは世界屈指の海軍力を保有していたので、結果は圧倒的なイギリスの勝利で短期間のうちに幕を閉じたのである。そしてイギリスは一八四一年に中国に対し「川鼻《せんび》条約」を締結するよう迫った。広東省広州近くの川鼻でのその条約交渉の内容は、香港島と港をイギリス国王に割譲すること、イギリス政府に対し六〇〇万ドルの賠償金を支払うこと、そのうち一〇〇万ドルは即座に支払い、残金は一八四六年に払い終えるよう毎年分割で支払うこと、両国間は対等で直接的な交流を行うこと、次の新年から一〇日以内に広東省の港で交易を開始すること、などであった。

この条約交渉に当っては、イギリス側からはチャールズ・エリオット大佐、中国側からは欽差大臣琦善《きぜん》が当った。琦善は中国政府がこの条約に署名することを望んだが、道光《どうこう》帝（清の第八代皇帝）からは同意が得られず、条約に署名することはなかった。皇帝は条約内容を知ると直ちに琦善を解任した。また、イギリス政府も条約内容の不満と条約不成立のため、エリオットを解任している。

中国の条約拒否への報復として、イギリスは再び中国に侵攻し、さらに大きなダメージを与えて降伏させた。そして一八四二年八月に、イギリスは川鼻条約よりもさらに厳しい「南京条約」を中国に調印させた。その内容は、香港島の割譲、賠償金二一〇〇万ドルを四年分割で支払うこと、広州、福州、厦門《アモイ》、寧波《ニンポー》、上海の五つの港の開港、貿易の完全自由化という厳しいものであった。こうして阿片戦争は終結した。

紅茶をめぐる委細巨細《いざこざ》は、アメリカでも起っている。それが「ボストン茶会事件」であり、のちのアメリカ独立戦争への引き金ともなった出来事であった。契機となったのは一七七三年五月一〇日、イギリス議会が「茶法」を制定したことだった。この法律は、かねて経営難に陥っていたイギリス東インド会社を救済するため、同社が植民地のアメリカに中国の茶葉を直接販売するにあたって、密輸茶より安い価格で販売できる実質的な販売独占権を与えるものだった。イギリス政府の横暴に対する反発と、「代表なくして課税なし」の原則に基づかない「発言権なく、課税あり」という片務性に対する不満が高まり、抗議として各地で茶葉の荷揚げを阻止するといった行為が頻発。ボストン港では急進派グループ「自由の息子たち」（サンズ・オブ・リバティ）が東インド会社の船舶に侵入、積荷の茶箱三四二箱を海中に投棄し、夜闇に乗じて逃げた。人々は「ボストンで茶会（ティーパーティー）を開いただけだ」と冗談を言い合い、結局真犯人は検挙されなかった。

一方のイギリス政府はこれに対して、翌七四年に「耐え難き諸法」を制定してボストン港を閉鎖するとともに、マサチューセッツ湾植民地の自治権を奪うなど強圧的な報復措置をとった。対立の先鋭化により結果として一三植民地の強い反発と連携を生み、第一回大陸会議の実施に至った。そして一七七五年のボストン近郊での戦闘（レキシントン・コンコードの戦い）をきっかけにアメリカ独立戦争が勃発することになったのである。

このレキシントン・コンコードの戦いとは一七七五年四月一九日に起った、アメリカ独立戦争が始まる端緒となったイギリス本国軍とアメリカ植民地軍間の激しい戦闘である。イギリス軍がボストン北西に位置するコンコードにあるアメリカ植民地民兵部隊の武器庫の接収作戦を実施した。それに反発してレキシントンとコンコードで植民地民兵部隊は応戦し、激しい戦闘が行われた。植民地軍兵約四五〇〇人に対してイギリス軍約二〇〇〇人で戦ったが、結果は植民地軍が勝利。イギリス軍の多くはボストンに撤退したが、その夜からマサチューセッツ民兵がボストンを包囲し、いよいよ独立戦争は核心へと進んでいったのである。

十二　缶詰

缶詰は、食品の保存に極めて有効な方法である。とりわけ、日本人は魚介類を好むので、魚を加工してから缶詰にするのは得意中の得意である。そのとき、ただ魚介類だけを詰めるのでは何の芸もないので、そこに醤油や味噌といった発酵食品で味付けをすることが必定となってくる。ここではその缶詰と戦争の係わり、そして発酵食品との関係を述べることにする。

さて、戦地に食料を持ち込むためには、腐敗菌による汚染を防ぐのが不可欠である。すなわち保存の効く手段で、食品への悪性菌の侵入を阻止しなければならない。そのためには幾つかの方法があり、そのひとつは乾燥して食品から水分を抜く方法である。例えば生のイカは直ぐに腐敗するけれども、それを乾燥してスルメにすると長持ちする。この方法だと、栄養成分も濃縮できるので理想的であり、幾つかの食べものに応用されたが、食べるとき水で戻す必要があり、このときうま味など多くの成分が水で流出するので完全な手法とはいえない。

また、塩で漬ける塩蔵という方法もあるが、この方法では食べものが塩っ鹹《から》くなりすぎてそのままでは食べられない。そのため、これも水に漬けて塩抜きする必要があるが、そのときにやはり多くのうま味成分や栄養成分が水に流出してしまい、この方法も不適である。

そのため次に考えられたのが、食べものをそのまま丸ごと密閉容器に入れ、外界の空気（ここに腐敗菌が浮遊している）から遮断して雑菌の侵入を許さないという瓶詰や缶詰にする方法である。瓶詰は運搬時などに破損しやすいが、缶詰は容器に壊れにくい金属を使っているため輸送・運搬にも適している。

そもそも缶詰が発明されたのは戦争がきっかけだったともいわれ、その最初は今から二〇〇年以上前のフランスのナポレオン・ボナパルトだという。一九世紀初頭、ナポレオンはたびたび軍を率いて外国遠征に出ていたが、常に兵士たちの食料確保に悩まされていた。そこで総裁政府（一七九五年一一月二日から一七九九年一一月一〇日までのフランスの行政政府）を通して、食料を長期保存する方法を公募した。その時に採用されたのが一八〇四年にフランス人のニコラ・アペールが考案した瓶詰による食品保存法であった。瓶の中に調理済みの食品を詰めて、瓶ごと加熱殺菌し空気を抜いた後に密閉するというアペールの方法は、ナポレオンにより絶賛されて多額の賞金を与えられたという。当時の主な食品保存法は塩漬けや酢漬けであったので、食味という点で問題があったのである。

その六年後の一八一二年に、イギリスのドンキンによって瓶に代ってブリキ缶で食品を長期保存する「缶詰」が誕生する。その後、アメリカで本格的に缶詰の工場生産が行われるようになり、一八六一年から一八六五年に起った南北戦争では軍用食料缶詰が大量に生産され、戦場へと運ばれた。それが一般市民にまで広がって、南北戦争後の一八七〇年には約四〇〇〇万缶が生産されている。そして第一次、第二次世界大戦の軍用食としての需要拡大により、缶詰産業はいよいよ大発展を遂げることになる。

明治八年（一八七五）にアメリカで開催された万国博覧会に政府の命で派遣された水産官僚の関沢明清と池田謙蔵がアメリカの缶詰工場を視察し、製法を習得して帰朝し、その有望性を報告した。政府はそれに基づき内務省勧農局勧業寮内藤新宿出張所で缶詰の試験製造を開始。また明治一〇年（一八七七）には北海道開拓使が石狩に官営缶詰工場を設立し、アメリカ人技師の指導の下に多くの伝習生を募集してサケとマスの缶詰製造を行った。また、長崎県庁在職の松田雅典は県令（今の知事）に缶詰事業の必要性を進言し、缶詰試験場の設立を提唱した。これにより明治一二年（一八七九）に県立缶詰試験所が設立され、松田が主任に任命された。その三年後に試験所が廃止されると、彼は建物の払下げを受け

「松田缶詰製造所」を経営し、民間の缶詰工場第一号となった。

その後、明治政府の富国強兵と産業振興策を背景として缶詰製造技術は進捗し、その折ちょうど日清・日露の両戦争で缶詰が軍用食として大いに利用されたことを契機に、一気に発展した。さらに日露戦争の結果、ロシア領内での漁業権を得た日本は、北洋漁業のさらなる伸展を図るべく、サケ缶、マス缶およびカニ缶の製造を中心とした大型水産会社を相次いで設立させ、缶詰の大規模企業化が一段と進んだ。その後、マグロの油漬けとミカンシロップ漬けが静岡県で、イワシトマト漬けが長崎県で企業化され、そのうちに国内消費のみならず輸出産業としても大きく伸展していった。

第二次世界大戦勃発前の昭和一四年（一九三九）の缶詰生産量は約一七〇〇万缶、そのうち輸出用は八七〇万缶であったが、開戦後は生産が減少し、大部分は軍需用に切り換えられ、統制会社の設立によって集荷販売（会社が缶詰工場から買い付け、それを販売すること）の一元化が実施された。そして戦争の終結とともに、生産と輸出が再開され、缶詰業界は急激に発展していった。

第一次および第二次世界大戦などで戦地に届けられた味付け缶詰は、その大半が魚を原料にして、それを発酵調味料の醤油で調味したものであった。味を付けずに魚をそのまま煮たものは水煮缶といって、これは食べるときに戦地で開缶し、醤油をかけて食べるのであるが、そんなことをするよりは始めから醤油で味付けしたものをつくった方がよい、というので味付け缶詰となった。魚種で最も多かったのはイワシの醤油煮で、これは日本近海で一番多く漁獲される魚なので安価にできた。

　最も大量にイワシの缶詰をつくっていたのは千葉県銚子で、すでに明治一二年（一八七九）にはつくられていた。銚子はイワシの好漁場として知られ、また同じ町には四〇〇年の伝統を誇る老舗のヒゲタしょうゆ、正保二年（一六四五）創業のヤマサ醤油などがあるので、魚の醤油煮には格好の土地柄である。そのため、創業明治三八年（一九〇五）の信田缶詰株式会社や、創業昭和四年（一九二九）の田原缶詰株式会社など歴史をまたいできた缶詰会社も少なくない。銚子はイワシだけでなくサバやサンマの好漁場なので、サバの缶詰やサンマ缶詰も大量につくられ、その一部が軍部に納められてきた。もちろん銚子だけでなく、全国各地の漁港地でもそれらの缶詰はつくられて、戦地に送られたのである。

　イワシやサバ、サンマといった青魚のほかに、軍需用に用いられたのは、ニシン、サケ、マス、ホッケ、カツオ、イカなどで、いずれも醤油煮が多い。昨今、味噌煮にはサバを使ったものが多いが、「サバの味噌煮」は近年つくられたもので戦地には行っていない。とところで戦時中、缶詰という金属容器に代って「防衛食容器」という陶製の容器に置き換わったのも、戦争という非常事態の結果なのかもしれない。第二次世界大戦中の金属類回収令（金属の強制供出令）により、食料を貯蔵する金属製の缶の代用としてつくられたもので、別名「特許真空容器」といった。

高さ一〇センチメートルほどの湯呑み茶碗のような形状の容器にパッキン（液体や気体漏れ防止のために付いている部品）が付いた蓋が付く。容器の中に食品を入れた後、パッキンの付いた蓋をして密閉し、圧力バサミ（力が加えられる金属製の鋏）で蓋と容器を固定し気密性を保ったまま熱湯につけた後に冷水で冷やし、中を真空（減圧）状態にしたものである。すなわち、蓋の付いた椀に熱い吸いものか味噌汁を入れて蓋をすると、しばらくして蓋が開かなくなる、あの原理だ。先がとがった針や釘《くぎ》などで蓋の中央のくぼみに穴をあけて空気を入れて開ける仕組みになっている。

中に入れられた食品は福神漬け、佃煮、コンビーフ、肉類、イワシのような魚類、昆布、煮豆などである。戦争中の昭和一九年（一九四四）の「防空食壺詰製品規格」には肉野菜煮、魚野菜煮、味付けの魚、塩漬け野菜、野菜煮、芋クリーム煮、うどんの七種が、それぞれのレシピとともに記載されている。防衛食容器の多くには表面に「防62」といった分類記号が記されていたり、地域を表わす統制番号が記されているものもある。また、本体には「防衛食（防62）大日本防空食糧株式会社謹製」、蓋には「(防62）特許眞空容器矢印ノクボミヲ針デックト蓋ガ取レマス」などと書かれていた。

この防衛食容器は、国の金属供出策により出現したものである。缶詰の多くはブリキ製で、戦争によって金属の不足が深刻になってきたために、缶詰製造に回すブリキを国に供出せよ、というものである。昭和一六年（一九四一）八月に「金属類回収令」が公布されたが、実はその二年前の時点で東京市が刊行していた『市政週報』には「金属性《ママ》事務用消耗品を回収」とあり、すでに開戦の二年前から金属類の不足が始まっていたのである。缶詰のブリキに代って陶磁器が使われたのは、戦争が起きることにより、また起きたことによって陶磁器の輸出が大幅に減少し国内需要も低迷したので、その打開策としても考えられた。ところが防衛食容器が大量に製造されたものの、今度は中に入れる食料が不足したため空の容器が大量に残って、実際にはあまり役に立たなかったようである。

十三　軍隊調理法

『軍隊調理法』は大日本帝国陸軍が昭和期に編集・発行した料理の基礎と献立をまとめた

レシピ集といった趣の冊子である。厳しい軍隊生活を送る兵隊たちにとって、日々の食事は栄養の面だけでなく士気の観点からも重要であった。そのため帝国陸海軍の兵食には、戦前の日本人が慣れ親しんできた食物のみならず、パン食、洋食、肉食を取り入れたメニュー、おやつ（デザート）といった嗜好品、飽きさせない副食の設定がなされている。当時の日本の一般庶民、特に地方では大多数を占めた農民の子弟の兵士たちにとって、それまでとは異なる軍隊の食事は、兵舎のベッド（寝台）や洋服（軍服）と共にさぞや新鮮なものであったろう。

昭和一二年版『軍隊調理法』には当時の陸軍将兵に対する給養の基礎となるメニューが記載されている。それによると、主食の飯には米麦飯、粟飯、五目飯、油揚飯、大根飯、甘藷飯、肉飯、豆飯、小豆飯、福神漬混飯、強飯、萩餅、ちらしずしが出されている。汁物ではその代表が味噌汁とあり、その他に野菜汁、豆腐汁、呉汁、粕汁、のっぺい汁、けんちん汁、卯の花汁、薩摩汁などが出されている。

煮物は三八種もあり、特に目立つのが発酵食品の味噌を使ったもので、肉味噌おでん、豚味噌煮、鯖味噌煮、むきみ味噌煮、茄子の味噌油炒め、味噌田楽などが見える。焼き物では魚味噌焼、肉味噌焼なども出されている。

発酵調味料を使った和物《あえもの》では、ぬた、茄子胡麻味噌和え、酢味噌和え、豆腐酢和え、豚胡麻味噌和え、納豆大根卸し和え、納豆葱和え、貝辛子和えが見える。一方、漬物では大根早漬け、刻み漬け、はりはり漬け、胡瓜漬け、沢庵漬け、菜漬け、野菜早漬けなどが出された。

第二章　戦時下の酒

一　日本酒

　昭和一〇年代から第二次世界大戦の終結する同二〇年までの国内情勢は波乱に富んだ激変の時代であった。戦争の進展につれて国家財政は著しく膨張し、軍事費の比重は増大の一途をたどり、経済統制も次第に強化された。政府は昭和一三年（一九三八）「国家総動員法」を公布して物資、資金、労務、賃金、物価など国民の経済生活の大部分を議会の審議を待たずして勅令によって統制下におくことを定め、同一五年には、政治指導力の強化をはかり新体制運動に力を入れていった。

士気を鼓舞し、必勝を願う酒のラベル

　こうして国民生活は戦時色を深め、政府の指導で始められた「国民精神総動員運動」のもとで、消費節約、貯蓄、勤労奉仕などの耐乏生活の励行を求められ、綿糸、砂糖、マッチ、酒類、米などの食料、衣料、日用品の配給制度があいついで実施され、隣組制度のもと、戦時統制は国民生活の末端にまで及

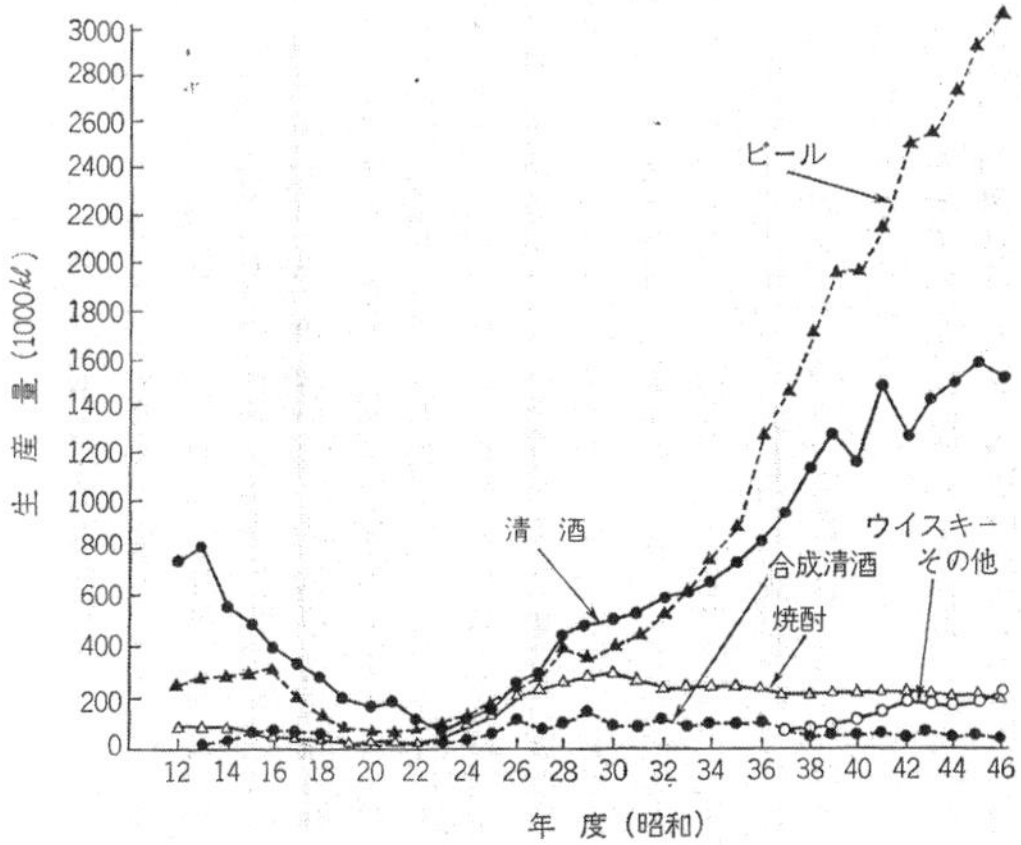

酒類の生産量推移グラフ　戦時中は底を突いた

ぶこととなった。

第二次近衛内閣は「経済新体制確立要綱」を定め、昭和一六年八月三〇日勅令によって、「重要産業団体令」を制定し、全経済体制を掌握することとなった。当然、酒造界に対する国の施策もこれに洩れるものではなかった。

昭和一二年は日中戦争の勃発した年でもあり、生産の調節を目的とする「日本酒の基本製造石数制度」を設定することになり、ために、それまでの順調な生産は崩れ、それによる生産の不足は供給の減少を引き起こすことになった。

そして第二次世界大戦に入ると、国は全国の酒造会社に次々と重要通達を発し、その内容も過酷なものであった。先ず全国の酒造会社の数を大幅に減らし、その分、浮いた米は一般国民の食料に回し、また廃業した蔵を解体して、出てくる鉄骨金属類を集め、それをさまざまな軍需物資の材料に充てるなどを行ったのである。

昭和一七年の大蔵省の通達の一部は、次のようなものであった。

清酒製造業企業整備要綱（一）

清酒製造業ニ付テハ企業経営ノ現状ニ顧ミ第三種工業部門ニ属スルモノトシテ今次戦力増強企業整備ノ要請ニ即応セシムルコトトシ此ノ際操業ノ合理的集約等ニ依リ可及的労務ノ供出、金属類ノ回収並ニ工場及設備ノ転用ヲ図ルト共ニ一面ニ於テ清酒製造業ノ経営ノ基礎ヲ確立シタ必要量ノ清酒ノ生産ヲ確保スル為左ノ要領ニ依リ整備ヲ実施スルモノトス

第一　各製造場ノ整備区分決定

一　清酒製造業ノ整備ハ現有各製造場ニ付左ノ各号ノ区分ヲ為スコトニ依リ之ヲ実施ス

イ　操業製造場

ロ　保有製造場

ハ　転用製造場

消灯の下での酒造り。容器は桶である

ニ　廃止製造場

操業製造場ニハ必要量ノ生産ヲ確保スル為一定ノ操業能力ニ満ツル迄適当ト認ムル製造場ヲ選定スルコトトシ、之ニ生産ヲ集中ス

保有製造場ニハ物資需給関係ノ変動等ニ備ヘ又ハ将来操業製造場ノ減損補充等ノ必要ヲ考慮シ一定ノ能力ニ満ツル迄必要ト認ムル製造場ヲ選定スルコトトシ当該建物又ハ設備ハ存置保有ス

転用製造場ハ軍需其ノ他ノ重点部門ノ転用ニ適スルモノニシテ当該建物又ハ設備ハ之ヲ転用ス

廃止製造場ハ操業、保有及転用ノ孰レニモ該当セザルモノニシテ当該建物又ハ設備ハ之ヲ廃止ス

けし、操業製造場に清酒製造を集約させるとした。それ以外の酒造場は「保有製造場」に分類された箇所のみ将来の需給の変化に備えてキープするが、ほかは軍需その他の重要産業に転換ないし廃止とした。このように日本酒製造業者に対する一方的企業整備が強制された結果、それまで全国に一万を優に越していた酒造家は何と三六六六蔵に激減、また酒造量も一九万二〇〇〇キロリットルと三分の一量にまで減ったのである。

一般国民の食用米を確保するため、国家総動員審議会によって酒造米二〇〇万石が削減させられ、日本酒の生産は半減、さらに米穀搗精米機が発明され、日本酒の酒質向上に飛躍的発展の可能性が見えてきて、吟醸酒などの高級酒が造られようとする時に追い打ちをかけるかのように精米制限令が出たので、業界は大いに失望した。

そして精米制限令に続いて実施されたのが価格の統制である。これは政府の定める公定価格によって日本酒の値段が制限されるというもので、これでは優良酒と劣等酒の間の価格差がなくなり、おいしい高級酒を造ろうという殊勝な酒造家の志《こころざ》しも萎えてしまう。この公定価格への統制により、酒造会社の中には戦争という混乱に乗じて酒の値段を個々に決め、闇値での取引きを行う者も出てきた。

戦争がもたらした日本酒への影響はそれだけではなく、次には日本酒の酒質にまで手が加えられることになった。酒米への割当ては減少の一途をたどり、国は苦肉の策として「第一次増産酒」、「第二次増産酒」というよもやの手を打ち出したのである。

これは手品あるいは魔法のようなもので、米を少なく使って酒をいっぱい造る、といった詭弁的な方法である。その方法は、日本酒にアルコールを加えて量を増した上、そこに糖を加えて飲みやすくした増産酒づくりである。布石となったのはかつて研究・開発された「合成清酒」(合成酒)であった。合成酒とはその名前のとおり日本酒を人工的に合成したもので、日本酒に含まれる成分と同じもの

要素	物質	添加量
糖類	グルコース液(70%)	80mℓ
	水飴	5.55g
有機酸	コハク酸	1.11g
	コハク酸ソーダ	0.22g
	乳酸	0.33mℓ
アミノ酸	グルタミン酸(モノ・ソーダ)	0.22g
	グリシン	0.11g
	アラニン	0.11g
無機塩	NaCl	0.15g
	KH_2PO_4	0.06g
	$CaHPO_4$	0.06g
溶媒	エチルアルコール(30%)	0.67ℓ
	水	0.25ℓ

(pH4.1, アルコール20%, 1ℓ)

完全合成清酒の基本配合表

を様々に混和して、発酵によらず調合のみでつくった酒のことである。すでに大正一〇年（一九二一）に理科学研究所においてビタミンB_1（オリザニン）の発見者鈴木梅太郎博士が中心になって研究され完成したもので、「理研酒」とも呼ばれた。鈴木博士は米を一粒も使わず、日本酒に酷似したものを製造しようとしたのである。ところが単純な調合のみではどうしても日本酒に似たものができないので、米糠（こぬか）の発酵液を加えたり、酒粕を利用したりして香味の補強を図った。しかしその合成清酒は一応は完成はしたが、国民を巻き込む消費量までには至らなかった。

ところが第二次大戦が近づくと酒造米の統制などで米不足が相次いだため、再び合成酒の研究が再開され、今度はわずかな米を使用して清酒醸造に近い方法で香味液をつくり、これを完全合成酒に混和するというやり方に変えて、合成清酒の酒質は一歩日本酒に近づいた。このような研究が背景にあって、「第一次増産酒」が登場したのである。日本酒にアルコールを添加して量を増やした上で、そこに糖分として水飴やぶどう糖を加え、またコハク酸や乳酸といった有機酸、化学調味料などを加えてより日本酒に近いものをつくり出したのである。

だが米不足はさらに深刻となってきたので、次は「第二次増産酒」をつくり始めた。こ

理化学研究所で合成清酒の研究をする鈴木梅太郎博士

の酒は、いかに米を使わずに一滴でも多くの酒をつくるかを課題として開発されたもので、それまでの増産酒の研究が総合的に適用されたのである。その結果、本来の日本酒にかなり近づいてきたが、香りやコクに大きな開きがあった。しかし全ての物資欠乏の世の中、贅沢など言えず国民はこのような日本酒を飲むしかなかった。

とにかくこうして、戦時中は国酒たるべき日本酒は、その形を大きく変貌させて流通し、終戦を迎えた。しかしその後も生活物資の困窮はさらに続き、酒小売店（酒販店）では酒樽を店頭に出す前に、酒に水を加えてかさ増しする店も続出し、金魚が泳げるくらい薄い酒ということで金魚酒と呼ばれる酒もこの時代には珍しくなかった。

終戦を迎えたといっても原料米の不足や度重なる酒造統制などの後遺症によって日本酒の生産が記録的な減少を辿り始める中で、カストリやバクダンといった密造酒も闇市で横行しはじめた。バクダンには猛毒のメチルアルコールが入ったものもあって、死者や失明者が続出する危険なものだった。カストリは鼻を突く匂いはあるものの中毒の心配はないというので、新聞社や出版社が集まっていた有楽町界隈には、酒好きな作家や記者、編集者などの集まるカストリ屋台が乱立した。

そのため政府は、戦時中の合成酒よりも効率よく製造でき、しかも本物の日本酒の香味により近くなる方法として「三倍増醸酒」（三増酒）を登場させた。

この方法は実に巧みで、日本酒を通常通り発酵して、それがほぼ終了となる段階でこれに定められた量のぶどう糖、水飴、有機酸類、調味料を大量のアルコールに溶かしてから加え、数日後に搾るというものである。この方法で行くと、米からのみで造る場合に比べ約三倍量の酒が出来ることから「三倍増醸酒」と呼んだ。全国の多くの酒造家はこの方法を行って、一時は日本酒醸造の常法のように定着していった。

日本酒をこのように加工すると、米からだけの酒と比べ後口《あとくち》（酒を飲んだ直後の口のさっぱり感）のすっきりしたタイプになり、また糖類の使い具合で甘口や辛口が自由に調節できるなどの利点はあった。しかし一方では、米からのうま味は薄められて調味料の添加だけでは補い得ず、甘みだけが残り、本来の日本酒の持つコクがないのが弱点であった。

この三倍増醸酒の出現により、庶民は比較的身近に日本酒を飲むことができるようにはなったが、反面、日本酒の品質は低下し続けた。しかし、通常の日本酒よりはるかに少ない米で日本酒がつくれるため、これを造ってきた多くの酒造家は三増酒の製造をなかなか止めようとはしなかった。その後、物資が豊かになった高度経済成長期にも三倍増醸酒はなお根強く残り、長らく日本酒消費の長期的低迷をもたらす原因ともなった。

しかし、一九八〇年代に起った「純米酒ブーム」や「吟醸酒ブーム」を皮切りに、各地方の酒蔵が高品質の日本酒を醸造しだして、日本酒は新たな酒文化を生み出しはじめた。そのような世相から、国税庁は二〇〇六年に酒税法を改正し、副原料の使用量は白米重量の五〇％以下に変更したため、三倍増醸酒は清酒ではなくなり、雑酒あるいはリキュールに分類されることになった。このような経緯をたどりながら、日本酒は今日、世界的にも注目を浴びる国民酒の座に戻ったのである。

二　焼酎

わが国唯一の蒸留酒である焼酎には大別して甲類と乙類の二種がある。前者は連続式蒸留機（エチルアルコール以外は蒸留されない）で蒸留し、得られた純粋のエチルアルコールを水で薄めたもので、新式焼酎とも呼ぶ。これに対し乙類焼酎は、単式蒸留機で蒸留したもので、エチルアルコールとともに香りのもととなる高級アルコール類、エステル酸、カルボニル化合物などの微量香気成分も蒸留されてくるから、複雑な香気をもつ焼酎となり、別名を本格焼酎と称し、今日市販されている焼酎の大半はこれである。

乙類焼酎にはいろいろの原料が使われるから、バラエティーに富んだ酒を楽しむことができる。薩摩の芋（甘藷《かんしょ》）焼酎、芋のほか米、蕎麦《そば》、粟《あわ》などを原料にした多様な日向（宮崎）焼酎、米を原料とした沖縄の泡盛、やはり米の球磨《くま》（熊本）焼酎、壱岐《いき》（長崎）の麦焼酎、ラムに似た黒糖を原料とした奄美諸島の黒糖焼酎、山形、福島以南に多く点在する粕取焼酎などがある。

第一次世界大戦（一九一四～一九一八）末期、好景気を味わった後に関東大震災（一九二三）によって酒価は低迷を続け、芋焼酎（アルコール四〇度）一升の値段は七二銭と大正二年当時の水準まで下った。そこで政府は大正一三年（一九二四）に製造制限を打ち出し、製造期間を一〇月から四月までの七ヶ月間に制限して酒価の維持に努めた。この製造制限はその後も長く続き、昭和一〇年頃までに及んだ。

すると昭和一二年（一九三七）に日中戦争が勃発し、翌年に国家総動員法が施行され、戦時体制に移行。酒造も国家総動員制に基づく国家統制に移行した。生産統制を受けた酒類の種類は清酒、旧式焼酎（乙類）、新式焼酎（甲類）、味醂である。しかし各県の酒造組合から陳情が相次ぎ、昭和一五年に芋焼酎と粕取焼酎は共に統制から除外され、また米焼酎も基本石数の一三％減へと統制が緩和された。

こうして日に日に迫る戦争の激化は食糧事情の逼迫へとつながり、昭和一七年には食糧管理法（食管法）により甘藷から雑穀に至るまで全ての食糧は配給統制されることになった。この統制は戦後まで続いたが、昭和二五年には甘藷が、昭和二六年には雑穀が統制から除外され、また昭和二七年には麦が間接統制方式に切り替えられ、焼酎原料面での制約は米に限られることになった。このようにして第二次大戦後再び乙類焼酎は自由化され、業界に生産増加と販売競争の激化を招来した。

以上が戦時下における焼酎の製造規制の実情であったが、販売においても規制は厳しく課せられた。日中戦争の勃発と長期化にともない、国家統制令によって焼酎生産量は低下し、買いあせり傾向が激化して、焼酎は購買力の強い飲食店に流れて家庭用にはあまり出まわらない状態になった。そのため主税局長通達で、焼酎をはじめとする酒類の配給制が始まった。

その実施機関として中央（東京）に「大日本酒類販売株式会社」、地方の各地に「道府県酒類販売株式会社」が昭和一六年一一月一日に発足。この日以降、酒造家が製造、貯蔵した酒類は全てこの機関を通して配給されることとなった。酒の集荷や配給のための基本計画は「中央酒類配給協議会」という機関で決められた。ちなみに昭和一七年四月から一二月の間に指示された焼酎出荷量は一般配給用として二六万八八〇〇石、業務用として三万一二〇〇石の合計三〇万石であった。

終戦を迎えても臨時物資需給調整法により酒の配給は続き、焼酎製造者は生産配給統制下にあったが、昭和二一年八月の酒類業団体法の改正でその統制は任意規定となり、さらに昭和三三年三月の改正で統制は解かれた。しかし焼酎の譲渡、譲受、移動は酒税法施行規則六条三の規定により税務署長の指導下に置かれた。なお、昭和二二年四月一四日に公布された独占禁止法によって、大日本酒類販売株式会社による一手配給は認められず、新たに昭和二二年一二月一二日に酒類配給公団が発足した。この公団は昭和二四年六月三〇日に解散したが、その後も産業用、冠婚葬祭用の酒の配給のため切符制度は残った。長い販売統制時代は昭和二七年四月一日の臨時物資需給調整法の廃止とともに終った。

三　泡盛

泡盛は酒税法上は焼酎に区分される酒であるが、醸造学上あるいは地域的に独立した酒文化を持っていることに鑑み、「泡盛」として一項を立てて述べることにする。また、戦時統制下の泡盛の状況については、泡盛を論旨明快に解説しているとして知られる名著『泡盛の文化誌』（萩尾俊章著）を参考にしながら述べることにする。

昭和一二年（一九三七）に日中戦争がはじまり、その四年後に第二次大戦に入ると、沖縄でも各種の経済統制に入った。最初に実施されたのは本土に倣って焼酎の供出制（政府が決めた価格で、強制的に政府が買い上げる方式）であった。つまり国策のもとに焼酎は専売制になるというものである。これに対して沖縄県酒造組合連合会では、「焼酎」と「泡盛」とは製造技術的にも歴史的にも文化が異なること、また泡盛業界がこれまで自主的に生産統制や販売統制を行ってきた実績を訴えて、統制の枠から除外してもらうよう陳情した結果、それが認められて泡盛は統制から外されることになった。

しかし戦争の長期化と激戦化のため、統制経済はますます厳しさを増し、泡盛や黒糖なども軍需品として供出が割り当てられた。そして、泡盛製造にとって存続に係るような国策が打ち出された。それは外国産米の輸入制限で、実は泡盛製造の最大の特徴のひとつは、歴史上、タイ国からシャム米を輸入してきて、それを原料にしてつくることにある。それ

ビルマに泡盛づくりに行った沖縄のメンバー（瑞穂酒造提供）

までは貿易商社から自由貿易で外国産米を輸入していたのであるが、昭和一五年（一九四〇）に食料米の配給制度が実施されてからは、泡盛の原料米だけを自由に流通させるわけにはいかず政府が県に外国産米を割り当てる方式となっていた。沖縄県酒造組合連合会は昭和一六年（一九四一）に泡盛存続の危機を訴え、政府に陳情を行う。その結果、三井物産や三菱商事を通して連合会が一本化してシャム米を購入する許可を得ることに成功したのである。

　戦時下ではまた、泡盛の生産を確保しようと、苦肉の策というか、驚きの妙手も実施された。それは南方ビルマ（現在のミャンマー）で泡盛の生産が始められたことである。軍用の酒の供給不足対策として、沖縄の泡盛なら熱帯気候のビルマでも製造できるのではないかということで、昭和一八年（一九四三）に陸軍省から県に対してビルマでの泡盛製造の要請があった。官選の沖縄県知事泉守紀《しゅき》が泡盛生産の歴史的原点の地といわれる首里市に打診すると当時の仲吉良光《りょうこう》首里市長は、泡盛を海外に広める絶好のチャンスと判断し、酒造組合に製造を依頼したのである。組合もそれを受け、酒造家や酒造技術者を軍属としてビルマに派遣したが、陸軍省からの財政的援助は無く、成功の際には現地での権利や資材を全て払い下げるという条件だったという。

その泡盛生産隊は師範学校用地を工場として使用し、仕込みや蒸留の施設をつくった。そして、麹造りや酒母造りなどに苦労して、ビルマ初の泡盛が誕生したのである。その時泡盛生産隊は県知事と首里市長に「ビルマニテアワモリノセイゾウニセイコウス」と打電している。こうして、五〇〇年以上の長い歴史を持つ泡盛は、海外でも初めて製造されたのである。しかし、昭和一八年（一九四三）ごろから大戦はさらに激化の様相をたどり、とりわけ沖縄での戦禍は日に日に激しいものとなった。海上輸送は困難になり、また本土への泡盛の出荷も停止されてしまう。昭和一九年（一九四四）一〇月一〇日、アメリカ海軍機動部隊による大空襲では那覇の九〇％が灰燼に帰した。さらに翌年の米軍沖縄本土上陸では、首里城に置かれていた日本軍司令部に向けて総攻撃が行われ、泡盛の聖地とも称される首里は壊滅的な打撃を受けた。こうして終戦を迎えたとき、沖縄の泡盛の生産はほぼ消えてしまう。

そして昭和二〇年（一九四五）八月、終戦とともにアメリカ軍は「琉球列島米国軍政府」を設立、アメリカに直属する軍政機構下に沖縄を置いた。またニミッツ布告第八号を出して軍政府の許可なしに酒類を製造したり販売することを禁止した。しかし、人々の生活にとって酒は不可欠のもので、とりわけ沖縄では冠婚葬祭などさまざまな人生儀礼や社会儀礼には酒を介する風習が伝承されてきた。そのため、食糧難の下でも酒に対する渇望は捨てきれず、密造があちこちで始まった。とはいえ大切な米を原料にすることはめったになく、黒糖やトウモロコシ、芋などが利用され、中には米軍が放出して闇に流れた砂糖、乾燥果実、メリケン粉、チョコレートのような菓子など、発酵するものはなんでも利用したという。蒸留器は米軍の燃料缶や食料缶、水缶などを改良してつくり、中には水筒を巧みに加工した簡易式小型蒸留器なるものまでつくられていた。この民間での密造酒づくりは非常に広まって一般化直前まで行ったというから、沖縄の戦後の幕開けは「闇酒」で始まったともいえる。

軍政府は、こうした状況下でも酒を造ることや流通を禁止していたが、これに対して世論の批判は日増しに強くなった。そこで昭和二一年（一九四六）二月二五日、米軍政府設置の諮問機関である沖縄諮詢会《しじゅんかい》協議会における軍民代表協議の席上、民間代表委員の一人から「労働者に最低限の酒を与えることは、翌日の仕事への活力となるので、飲酒は労働力の向上につながり、その上酒造税の確保も期待できる。また密造酒の横行は、統一された酒づくりと逆進行であり、悪酒の蔓延《はびこ》る要因となっている。従って軍政府は統制を持って酒づくりを許可するように求める」との発言があった。このような意見や世論を参考に、翌月の諮詢会協議会において、ようやく酒造工場の再開を認めたのであった。

四　ビール

戦時下および統制下におけるビールについては、データ・資料が充実しているwebサイト「キリン歴史ミュージアム」の記述に即して概観していきたい。

昭和一二年（一九三七）に日中戦争が勃発すると急速に物資が不足し、多くの物品が政府によって配給の対象となり、ビールも自由に飲めなくなった。その配給も昭和一五年（一九四〇）には「一般家庭用」、「飲食店向け業務用」、「出征兵士向けや冠婚葬祭用の「特配・特殊用」の三つの用途区分ごとに配給量が決められた。しかし「軍需用」は特別にこれらとは区別され、別枠が設けられていた。

太平洋戦争が開戦した昭和一六年（一九四一）には、「家庭用」のビールは切符制となり、あらかじめ国民に配られた切符（購入券）とビールを町の酒店で交換することができた。同年一〇月から一二月までの三ヶ月間は国民一人当り計四本としたが、あまりにも数量が少ないため、希望者には申し込みでそれよりもやや多く配給することとなった。翌年の昭和一七年四月からは月二本が配給された。当時のビールの生産高は昭和一八年（一九四三）には約二一万一八五五キロリットル、昭和一九年には一五万八四八四キロリットル、昭和二〇年は八万三二二三キロリットルと減少の一途をたどった。なお昨今の生産高は平成三〇年（二〇一八）で五一〇万八三〇〇キロリットルである。

昭和一八年には、指定された軍需産業の工場で働く「産業戦士」向けに、重点配給枠が新設され、国内消費の三〇％がこれに充てられ、その分、家庭用と業務用ビールは減らされた。またこの年、ビール製造各社の商標は廃止、「麦酒」の文字だけのラベルとなり、そこに用途及び製造会社名が書かれた統一ラベルとなった。昭和一九年にはついにビールは底を突くほど少なくなり、ビールの配給は製造工場周辺地域が対象となるなど、甚だ心細い実状となった。

戦時体制下あるいは戦時下における家庭用、業務用、特配・特殊用のビールはこのようだったが、これとは全く別枠で軍隊には特別の厚遇が施されていた。先ず日中戦争が始まると、直ぐに軍用ビールの特需があった。太平洋戦争中は、海軍の戦艦にもビールはふんだんに積まれ、中でも冷蔵庫が備えられていた大型戦艦では冷たいビールを飲むことができた。

一方、ビール会社直営のビアホールでは、毎週産業戦士のために「産業戦士の日」を設け、大いに士気を高めていた。ただしビアホールは一般向けにも開放されていたが、開店前から長い行列ができ、なかなか入れない。

しかし、戦火の拡大とともにビアホールも徐々に店を閉じていって、いよいよ戦争も終盤となり、日本がどんどん窮地に追い込まれていくなか、営業を続けられたのは特別の大衆酒場のみで、それも一回の飲食の金額が二円以下と制限された。そこに突如現れたのが公営の「国民酒場」で、市民の不満を少しで

大戦中のビール会社の麦芽製造機

も癒《いや》そうとつくられ、東京の国民酒場のほか、横浜、名古屋、大阪などあちこちに同じものが「勤労酒場」や「市民酒場」、「日の丸酒場」の名で出現した。だが、それらの酒場は東京でさえ一二六軒しかなかったということだから、ビールに対する市民の憧れや希求は萎えるばかりであった。

昭和二〇年（一九四五）に終戦を迎えるが、社会情勢はなお厳しく、物資不足によるインフレーションも相まってビールの価格も高騰を続けていく。そのため闇取引きも頻繁に行われ、昭和二二年（一九四七）八月の大瓶一本の公定価格は二三円であるのに対し、東京の闇価格は一本平均一〇〇円と、四倍もの値がついている。戦災を逃れたビール会社は細々と生産を続けたが、そこでつくられたビールの大半は進駐軍へ優先的に無税で供給された。昭和二一年時で見ると、ビール生産量全体の三分の一、翌年は全体の四分の一が進駐軍用に出荷されている。そのため、当時日本人には一人当り年平均一・四本の配給しかなかった。

昭和二二年の暮れには、少ない配給の中で毎年行なわれていた年末年始用酒の特別配給も中止された。国はそれに代えて「特価酒」なるものを新たに設け、それの自由販売を行ったが、ビール一本一〇〇円という非常に高い値段であったので、購入できる人はわずかであった。そのためビールは次第に余るようになり、その余剰ビールは闇取引きに流れるという悪循環に陥った。このようなビール産業や市民にとっての「麦酒の冬の時代」が終るのは、昭和二四年（一九四九）にビールの自由販売が許され、またそれに合わせるように全国の飲食店の営業が再開された時のことである。

そして昭和二五年（一九五〇）に朝鮮戦争が起って、その特需景気をきっかけに日本経済は急激に好転し、昭和二九年（一九五四）からは神武景気も始まり昭和三一年の経済白書には「日本経済はもはや戦後ではない」と書かれるまでに復興した。以後、ビールの生産量は毎年一〇～二五％もの上昇を続け、昭和三〇年（一九五五）に四〇万三三九〇キロリットルだった生産量は昭和三九年（一九六四）には一九九万一六四八キロリットルと、一〇年間で約五倍も伸びている。そこにもってきて、昭和三〇年代に入って、「三種の神器」（白黒テレビ、洗濯機、冷蔵庫）のひとつである電気冷蔵庫の急速な普及がビールの消費に拍車をかけた。こうしてビールは国民の喉に戻り、その後「国民飲料」ともなって今日を迎えている。

五　ワイン

戦時中のワインの動向は、これまで述べた統制下に置かれた酒類とほぼ同様の様相を呈していた上に、取引量もそう大きくなかったこともあり、ここでは詳しく述べない。ただ戦時下にあって、極めて興味深いワインの挿話が実話として残っているので、それを紹介することにする。

ワインの中に最も多く存在する有機酸は、ブドウ果実に由来する酒石《しゅせき》酸である。ワイン一リットル中に二〜五グラムも存在していて、発酵中に樽などの容器に結晶となって沈澱してくる。

戦時中のワイン製造用果汁圧搾機（手動）

この酒石酸を軍需物質として最初に利用したのが第二次世界大戦中のドイツであった。ドイツはフランスと並ぶワイン大国で、酒石酸は豊富である。その酒石酸をワイン工場から結晶状で回収し、これにカリウムとナトリウムを結合させて酒石酸カリウムナトリウム塩とする。この物質をロッシェル塩というが、一九二一年に強誘電体の特性が発見されて以降、クリスタルイヤホンやクリスタルマイクなどの圧電素子として利用されてきた。さらにドイツはこのロッシェル塩が音波をすばやく捉える特性のあることを発見し、これを使って音波防御レーダーを開発、艦船にこれを装備して潜水艦や魚雷に対処する兵器として使うことに成功した。この技術は直ちに同盟国である日本へも提供されたので、日本海軍は昭和一八年（一九四三）、ロッシェル塩の原料採取のためワイン造りの奨励を国に要請した。

大蔵省はこれに応え、山梨県や山形県を中心に全国のワイン醸造場に結晶化した粗酒石の採取を働きかけた。こうして得られた粗酒石は、山梨県の「サドヤ醸造場」に集められてロッシェル塩を製造。その精製品は東芝などの大手電機メーカーに依頼して対潜水艦用の水中聴音機の量産体制を構築した。まさにワインからつくる精密兵器である。大蔵省は翌年の昭和一九年のブドウの栽培時期から日本海軍の求めに応じ、緊急軍需物資として酒石酸の増産を決定した。そのためワインに添加して酒石酸を効率よく採取するための脱酸用石灰についても、統制品の枠を外して割当や配給を行った。

しかし、酒石酸はワインの製造過程で発酵により析出するので、ワイン造りにも拍車をかけなければならない。そこでワイン造りに対する統制も特別に緩和し、ワイン造りに対して造石数を増やしたり、製造免許数を増やしたりして特別措置を行ったのである。その結果、昭和一九年度の果実酒の課税量は約一三〇一万リットルだったのが、翌年の昭和二〇年度には約三四二〇万リットルと、二・六倍も増加している。しかし、終戦後の昭和二〇年一〇月、大蔵省は終戦に伴い、ワインからの酒石酸の採取については消極方針を決定し、緊急軍需物資としての酒石酸の増産策を放棄したのである。

六 ウイスキー

日本には昔から焼酎という蒸留酒があり、またウイスキーは一般大衆にはほとんど普及していない特権階級的嗜好品であったため、戦前、戦中を通してあまり流通はしていなかった。しかし、戦争を指揮する高官や高階位軍人たちの間では、随分と愛好されていた酒である。

昭和一五年(一九四〇)に酒は統制品となり、庶民はウイスキーを自由に買ったり売ったりできなくなったが、高級軍人たちは別枠で手に入れることができた。飲まれたウイスキーの大半が高級品のスコッチウイスキーで、最大の消費量は帝国海軍であった。スコッチウイスキーはイギリスから送られてくるのだが、イギリスは連合国軍に属するいわば敵国であるので輸入は出来ないのだけれど、この酒だけはどうしても欲しいという軍部の考えから敵国酒扱いから外した。しかし第二次大戦の激化に伴い、イギリスからのウイスキーは途絶え、国産ウイスキーの需要が高まってきた。そこで海軍は大日本果汁株式会社（今のニッカウヰスキーの前身。「ニッカ」の略称は「日果」の片仮名書きが現在のブランド名になっている）を海軍監督工場とし、将校への配給用ウイスキーを製造するために優先的に原料の割当を行い、製造を可能にしたといわれている。

昭和一九年頃のウイスキーの値段は非常に高価で、例えば「サントリーウイスキー12年」（現在のサントリー角瓶に当る）は一本が五〇円（現在の金額に換算すると約九万〜一〇万円）、これが闇に流れると一七〇円（現在の約三〇万〜三四万円）となり、庶民にはとても手の届くものではなく高嶺の花であった。

七　酒保

『広辞苑』には軍隊における「酒保《しゆほ》」とは「軍隊の営内にあった、日用品・飲食物の売店」とある。その設置の目的は「将兵の士気を保つための売店」で、旧日本海軍の場合は軍艦内に、旧日本陸軍の場合は連隊内に設置され、いずれも物品販売所である。必要に応じて移動先でも開店している。

販売されている物品は実に多岐にわたり、缶詰、干し菓子類、瓶詰、漬物、スルメや干貝などの乾物、味噌、醬油といった食料品にはじまり、日本酒、ビール、焼酎、ウイスキー、ぶどう酒、ラムネ、サイダー、煙草といった嗜好品、歯磨き粉と歯ブラシ、ちり紙、石鹼、髭剃り、爪切り、コンドーム、タオルや手拭いなどの衛生用品、鉛筆、消しゴム、帳面や手帳、糊、便箋、封筒、インク、万年筆などの文具用品、下着、足袋、靴下、裁縫用具（針や糸など）、褌《ふんどし》、巻脚絆《きやはん》などの着装用品など、さまざまであった。今日のコンビニチェーンには及ばぬものの、それに近い品揃えをしていたことに注目したい。

海軍の酒保は軍艦によって異なり、戦艦「長門」の場合は、数メートル四方の金網に囲まれた小さな販売台（カウンター）越しにやりとりをしていた。酒保は酒保委員によって経営され、酒保副長を委員長とし、他に数名の士官と主計長（主計尉官または主計兵曹長）で委員が構成された。その酒保で実際に販売に当るのは委員ではなく、「酒保長」と呼ばれる下士官と、それを補佐する兵士である。

酒保長は、金銭を扱う立場から通常の軍務とは違う緊張感が強いられ、任期は二ヶ月の交代であったが、どちらかというと兵士間からは嫌がられる傾向にあった。ただし、任期の終了時に酒保長ならびに委員には特別手当が出されている。

酒保の運営に当るのは所属艦の下士官たちで、彼らが自腹で出し合った（立て替えた）お金を元手に運営され、商品は入港した港で委員たちが仕入れを行った。仕入れは民間の業者から購入することもあったが、大半は海軍兵員の扶助組織である財団法人・海仁会からであった。海仁会から購入すると、卸値価格で物品を得ることができるからである。

酒保で物品を購入するときは現金ではなく、あらかじめ配布された各人の伝票に購入したい物品と数量を記入し、酒保で伝票と物品を交換して持ち帰る方式である。階級が高く、狡猾な上官になると、自分で買いに行かずに下級兵を使い走りに買いに行かせることも常態化していたようである。

買った物品の支払いは、伝票から各人が購入したものを月ごとに計算し、給与から天引きされることになっていた。ただし、天引きできる額は月額給料のなかで上限が決められていた。例えば戦艦「陸奥」の場合は、天引きできるのは月額給料の半分までだった。そのため実際には現金販売も黙認されていたようである。酒保で最も売れたのは酒類であった。毎日が厳しい労働と、上官たちからの圧迫で肉体と精神とが疲弊し、その上絶えず敵との戦闘とその先にある死までも意識しての恐怖、それらを妄想しながらの生活なので、その呪縛からアルコールの力をもって逃れようとするのは当然のことなのであろう。

以上海軍での酒保について述べたが、陸軍でも酒保は連隊ごとにしっかりと設けられ、兵士たちはそれを重宝していた。陸軍の酒保は海軍よりも歴史は古く、その導入は明治維新の日本陸軍創設に遡る。海軍の酒保との違いは、伝票決済ではなく現金払いが原則で、酒などの飲食物は民間の業者からの受託販売も多かった。ただし飲食物の場合、酒類は酒保に設けられた談話室（サロン）のような大部屋内で飲むように決められていたという。酒に酔って騒動や暴行、破廉恥行為などが起ることを防ぐためであった。

陸軍でも酒保委員が設けられ、委員長、副委員長、委員、主計長で構成されて、酒保長とその補佐が販売を担当するのは海軍とほぼ同じであった。ただ海軍の酒保委員と違うのは、士官は自らすすんで委員の任に就きたがったことであった。それは、海軍の場合は民間業者からの物品の納入は少なく、大半が「海仁会」からであったが、陸軍の場合は大半が民間業者からであった。そのため取引業者からの付け届けやもらい物が頻繁にあったからである。

いざ戦闘状態に入り、海外の戦地に出征するときには、酒保は「野戦酒保」と変り、連隊本部の駐屯地に臨時設営されながら、移動酒保となっていく。基本的には、それまでの「内地酒保」と大差ないが、戦地であるため内地のように民間業者に依存するわけにはいかなくなる。そのため委員は、業者から得ていた旨味が一転して、物品の仕入れに奔走する苦労を強いられる立場に陥るのであった。

ところで、酒保で買うことのできる物品も、海軍と陸軍では些かの違いがあった。例えば海軍の場合の一例を見ると本艦が給糧艦（本艦に食糧等を供給する補給艦）の「間宮」と同時入港した場合、「虎屋の羊羹」にも引けを取らないほど美味しい「間宮羊羹」や、絶品の「間宮アイスクリーム」といった「間宮」手造りのオリジナルスイーツを酒保に仕入れることができたので、艦員たちは大いに喜んだということである。また、港に入港したとき、ご当地のスイーツを購入することもあり、その場合は何を仕入れるかも酒保委員の腕の見せどころであった。伊勢湾付近に入港したときには、名物の「赤福」餅を仕入れることが定番だったようで、長崎港だとカステラ、鹿児島付近だと「ボンタンアメ」が人気だったということである。

さて酒保での酒類のことである。陸海軍には購入できる量に上限があり、海軍では日本酒一人一合まで、ビールは一本までとしている艦が多かった。ただ、海軍ではウイスキーの需要が多く、その大半は輸入ものであったが、太平洋戦争に突入すると海外からのウイスキーは途絶え、仕入れには苦労したようである。

幸いに、当時の寿屋（サントリーホールディングスの前身）には開戦前につくっていた国産ウイスキーがあって、外国産に引けを取らないか、それ以上の「サントリーウイスキー12年」が市販され、海軍はそれを買い上げていた。この「サントリーウイスキー12年」は、ウイスキーの香味に対して肥えた舌を持った海軍軍人たちからもその評判は極めて良好で、国産ウイスキーとして角瓶の評価を不動のものにしたのは、この辺りからである。

　煙草も取り扱いの銘柄は多く、「誉《ほまれ》」や「ゴールデンバット」、「光」、「チェリー」、「鵬《ほう》翼《よく》」などが人気であった。とりわけ「誉」は軍用煙草、いわゆる酒保で扱う限定品であったが、ニコチン依存性を忌避してニコチン量が抑えられていたため、市販の煙草に慣れた兵隊からは安いけれど値段相応で不味い、と不評であった。

　便箋や封筒など文房具も用意されていたのは、家族への手紙を書く兵士や士官が多かったためで、よく映画やテレビでは戦場で手紙を書く場面を見るが、その際の用品は酒保で購入してきたものだ、と思えば大方間違いはない。

　衛生サックというコンドームも、陸海軍とも酒保で販売されていたが、とりわけ海軍の場合は、これを所持していないと入港時に上陸が許可されなかったため、必用不可欠な重要商品であった。これは淋病や梅毒などの性感染症に罹患して兵士の戦力が低下するのを嫌ったためで、陸軍でも同様であった。陸軍の酒保では、兵士や士官のためにコンドーム専用の自動販売機が設けられていたという。とにかく、軍隊にとって性感染症の対策は重要な課題であったのである。

太平洋戦争が開戦後、戦況が刻々と変化していくにつれて、陸海軍の酒保も物資欠乏のあおりを受けて、品揃えは次第に悪くなり、陸軍にいたっては通常の食糧の補給さえもままならなくなってきた。そのため酒保どころではなかったのが実情で、戦争も終盤になると、酒保から今度は物品販売所へと名称が変更された。勿論海軍の酒保の品物も欠乏していくのであった。港に入港して品物を仕入れようにも、いくらお金を出しても物が無いのであるからどうしようもない。

そのため軍から慰安用に配給される「戦時特別給与品」（戦給品）で酒保の品揃えの不足を補うのであるが、こちらも焼石に水でどうにもならない。こうして酒保は、かつてのように自由に物品を選んで買える売店ではなくなり、特定の品物について、班を通じて一律で支給する「強制販売」を行う部署に役割を変えてしまった。しかし、物資がいかに欠乏しようとも、「酒保」の名前と制度そのものは、旧日本陸海軍が終焉を迎えるまで、必要な設備として存在し続けた。

こうして終戦を迎えるが、戦いを通して前線で戦闘力を下支えするのは武器弾薬だけではなく、兵士の士気も大切な要素である。それを考えると、酒保の存在は、ストレスを少しでも緩和し、癒しを与え士気を鼓舞するのに欠かせない、貴重な軍備のひとつだった気がする。

八　密造酒

いつの時代にも酒の税は相当に高いものである。それが主なる原因となって、高い酒が飲めないという理由から密造は昔から頻繁に行われてきた。農村では米は手元にあり、麹を造るぐらいはそうむずかしいことでもない。とりわけ東北六県ではとくに密造が多かった。検挙されると酒税の何百倍という罰金がかかる。所によっては検挙保険が発達していて、罰金は集落の全員で負担する制度のところもあった。

このようなのは例外であるが、検挙された場合の密造名義人はたいていよぼよぼのおじいさんかおばあさんである。こんな老人からは莫大な罰金の取り立てはできない。刑務所に入って日当で支払うことになる。刑務所でよぼよぼの爺婆に重労働を科するわけにも行かないから、軽い坐業を科す程度である。農作業には耐えない老人でも、刑務所に行けば立派な日当稼ぎというわけである。

密造で知られた村になると、税務吏が来たという知らせが伝われば、早鐘をついて消防組が鳶口《とびぐち》をもって村の入口に立つのだ。税務吏は気味が悪くなって引き返す。これほどでなくとも、税務吏が村の茶店で休んでいると、悪童を忍びよらせて針で自転車のタイヤに孔をあけさせる。いやがらせをするのだ。税務吏はさて出掛けようとすると、自転車が動かない。このようなことはザラであったという。

近代における密造の実態とそれを取り締まる官憲との攻防を以下に述べよう。

酒造場の数は明治九年（一八七六）には全国で二万六一七一場あったものが、日清戦争（一八九四〜一八九五）までに減少の一途をたどり、明治二九年（一八九六）には一万三七七〇場と一万二〇〇〇場余りが廃業に追い込まれた。

この減少の背景はいろいろあるが、もっとも大きな理由は明治新政府が近代国家形成のための財源確保の一つとして、酒税を重視したことが挙げられる。政府は酒造税を確実に納められない零細酒造家を数多く抱えることを好まず、確実に納税できるやや規模の大きい造り酒屋を奨励した。日清、日露と、戦争のたびに戦費調達のための大幅な増税が清酒製造業者の経営を圧迫した。また、廃業に追い込まれた理由として、当時の製造技術が現在と比べ未発達なことから、醪《もろみ》の腐造が多かったことも原因として挙げられる。
政府は、また「年行事」と称し、官側と酒造業の事務、徴税などの連絡を行わせ、実態を把握した。酒造業者は高額の酒税が課せられることに対抗して明治六年頃から各地で酒造組合を結成したものの、業者の貧窮ははなはだしく、酒屋仲間を結成して政府に貧状を訴える運動も展開された。

ところが日清戦争を契機として、わが国の経済は一時期異常ともいえる発展をした。清酒醸造場も明治二九年から三〇年にかけて六八七場、さらに翌年には二四〇場も新規に増加した。生産石数も著しく増加し、四六三万石（約八三万三〇〇〇キロリットル）となった。しかし戦争景気の反動が起り、再び不況が襲来。酒造業界においても例外ではなく、酒類の生産石数も減少していく。このような状況にありながらも、造石税は明治二九年に改正され、一石（一八〇リットル）当り四円の税額が七円に増額され、さらに三一年には一二円、三四年には一五円と増額された。驚くべきことに、明治三二年にはその年度の国税総額一億四五一三万円に対して、徴収酒税額は四九〇〇万円にもなった。これは国税総額の三分の一にも達し、国税の首位を占めるにいたった。

明治三七年（一九〇四）には、日露戦争勃発により軍需用の酒の買い上げが急増したため、清酒の生産量もそれにつれ急増している。

ここに大正九年（一九二〇）六月に発行された『東北六県酒類密造矯正沿革誌』なる書物がある。全七四七ページからなる仙台税務監督局が発行した公文書集である。内容は七章からなり、緒言、第一章東北地方概観、第二章酒類密造ノ起因、第三章密造ノ状況、第四章密造ノ弊害、第五章取締及予防、第六章官公衙及地方有志等ノ矯正施設、第七章結論、となっている。

題目が矯正となっているが、密造した人々を矯正させたかということではなく、警察、税務署、村役場、密造矯正会なる団体などいわゆる当局の密造をやめさせる活動の報告が主となっており、いかに明治時代から大正時代において酒の密造が大きな問題になっていたかを示すものである。

この『沿革誌』によると、明治三二年（一八九九）に酒類の密造は東北地方だけでなく全国において禁止されたものの、途絶えるどころか逆に年々増加し、年間数千件の密造犯を検挙したとある。さらに東北地方で酒の密造がなくならない理由を次のように分析している。

一、密造酒地帯は概して原料の米の産地であること。二、特に秋田県はいかなる場所にも米麹製造業者がいること。三、岩手、宮城両県には酒母や麹を密造、販売し密造を媒介する者が多いこと。四、密造専用と思われる容器（甕）が広く製造されていること。五、交通の便がまことに悪く、正規の酒の流通がうまく進んでいないこと。六、自家用酒醸造禁止令が出されても、それが周知徹底されていないこと。七、地方の公務員や有力者が密造犯に同情したり、自分でも密造したりして、取り締まりに本腰を入れていないこと。八、地方においては自分が耕作して得られた原料（米）を加工して酒を造り、飲むことは何ら違法でないという風潮があったこと、など。

これらの理由が挙げられているが、いちいちもっともである。特に目をひくのはその当時の東北地方の人々は酒の密造に関しては、ほとんど罪悪感がなかったという点である。東北人が酒を密造することは先天的な習癖とまで断言し、伝統的風習と嘆いている。

また大正五〜六年（一九一六〜一九一七）における密造の動機については、自家用での飲酒が九七％を占め、販売目的はわずか三％に過ぎないことが記されている。それでは自家用の酒はどのようにして飲まれていたのだろうか。大きく三つに分類されている。まず一、販売されている合法酒が足りなくなった時に飲む。二、冠婚葬祭の付き合いで飲む。さらには友人、親戚縁者や集落の寄り合いなどでも飲む。三、たまたま密造酒を入手すれば休息時に飲み、昼食、晩酌時にも飲む。

『沿革誌』では平均的な飲酒量については記載されていないが、文中には以下のように書かれている。「多年農村ニ彌漫セル酒類嗜好ノ遺伝性ハ飲酒ノ機会ヲ多カラシメ多飲ノ風習」がある。これらのことから、明治から大正時代は現代以上の飲酒量であったことがうかがえる。これでは酒を購入して飲むと家計が破綻すること明白である。

また『沿革誌』には年間の酒を飲む機会を実に事細かく記しており、節酒と称する方法も書かれている。たとえば正月三が日は昼・夕いずれも一人二合（三六〇ミリリットル）、早苗振《さなぶり》（田植え終わりの祝い）の節は酒一人二合五勺（四五〇ミリリットル）にとどめよ、などと書かれているが誰も守らなかったと思われる。

密造酒の製造は六月の田植え時期がもっとも多く、一〇月の稲刈りの時期がこれに次ぐ。また二、七、九月は農繁期直前や旧正月、旧盆で六、一〇月に次いで多い。つまり東北地方の密造酒はあくまでも仕事の疲れを癒す飲み物であったと思われる。密造酒の製造場所は、最初は自宅の敷地内ということは容易に想像できるが、取り締まりが厳しくなるにしたがって畑や山林、沼地、河川敷などで行われた。また自宅で仕込みを開始、途中から醪を深山に運び、そこで造るものまで現れた。自宅の場合、天井裏や仏間の床下に隠し部屋をつくったり、押し入れや風呂桶の下、さらには便所や納屋、馬小屋、庭の堆肥の下で造ったとある。酒造方法も具体的かつ詳細に記されているが、まったく酒造家のそれと同じである。これは酒造家に蔵人あるいは杜氏として働いた経験から造ったのであり、合法的な酒と品質的にはなんら変わらない出来であったことは想像に難くない。

密造酒の製造は、明治三二年（一八九九）の自家用酒の禁止令に起因する。それまで当然のように造っていたものが、急に禁止になったからといって止めるわけもなく、官憲の取り締まりも十分でなく、明治三二年から四〇年（一九〇七）にかけて最盛期を迎える。しかしこれ以降についても決して廃《すた》れるということはなかった。

取り締まりについても詳細に報告されている。一例を挙げると、明治四三年（一九一〇）二月、青森県弘前税務署管内で行われた取り締まりは、税務署員一一名、警察関係者六名、酒造組合から三名に役夫一三名、馬車五台、さらには地方裁判所検事や四新聞社の記者などを含めるとなんと四〇名以上の大捜査隊であったという。毎回、捜査がうまくいくとは限らず、大正五年（一九一六）二月の秋田県鷹巣税務署管内では、ある集落に密造酒の取り締まりに行って首尾よく容疑者を取り押さえたものの、隠し場所とみられる蔵の持ち主を特定できず、駐在や区長は不在でそれ以上の捜索ができずに結局失敗に終わったとある。

さらに引き返す時、集落の人々が口々に暴言を吐いたり雪を投げつけたり、棍棒を手にして威嚇し、追撃したという。まったく命がけである。

自家用での密造だけでなく販売用の密造酒も盛んに造られていた。その規模は五～六石（九〇〇～一〇八〇リットル）から一〇〇石（一八キロリットル）以上のものまであった。念のいったことに腐造の酒ができると、それを蒸留してアルコール度数が三二度の焼酎を造ったという。

密造酒の生産量は、東北六県は大正元～六年の六年間に三七四一石（六七三キロリットル）で一県当り平均六二四石（一一二キロリットル）となり、あまり大きな数字ではないが、これはあくまで検挙没収し課税した量である。実態はこの一〇倍はつくったと思われる。しかも三七四一石に対する税金は七万四八二〇円であり、当時の金額としては巨額である。税務署員や警察官諸氏の奮闘もうなずける。

また、密造中のトラブルも多々あった。例えば、密造酒の持ち主に怨みを持つ者が、隠してあった酒に毒を入れて持ち主一家を殺そうとした結果、酒を分けてもらった持ち主の隣家の人が死亡したり、夫婦間のトラブルで妻が酒に毒草を入れて夫を殺したり、仕込蔵をきっちり囲ったため酸欠で死亡したり、税務署員に踏みこまれた際、火を放ったところ向こう三軒まで類焼したとか、笑えぬ話もある。

さらに夏に仕込んだ密造酒は各種の有害な成分が混入し、赤痢のような伝染病の発生の原因となっているといったことまで書かれている。この有害な成分とはフーゼル油のことで、エチルアルコールが精製される際の副産物で、プロピルアルコール、イソブチルアルコール、アミルアルコールを成分としており、毒性が強い旨を強調している。しかし、酒の醸造でフーゼル油が毒になるほど造るのは困難であり、第一飲めたものではない。これらを強調することにより、少しでも密造酒をなくそうとしたのであろうが、どの程度効果があったことやら。

密造酒根絶のチラシも紹介されている。

「濁酒《どぶろく》を造ることなかれ

酒税法第二二条　免許ヲ受ケズシテ酒類ヲ製造シタル者ハ、三十円以上五千円以下(注：大正六年当時)ノ罰金ニ処シ仍《なお》其ノ製造ニ係ル酒類及其ノ容器々具器械ヲ没収ス

○右の如く政府の免許を受けないで酒を造ることは法律で禁じられている。○国の法律は守らなくてはいけない。○自分の米で自分が造って自分が飲むのに何も悪いことはないと思う人がいるかもしれないが、これは自分の金で賭博をするのと同じ行為である。

○免許を受けた酒屋では酒一石造るのに二十円の税金を納めている。　○密造をする人は法律上の罪人であり、三十円から五千円までの罰金を納めなければならない。納められなければ監獄に入れられる。　○今後は警察署でも税務署でも厳重に取り締まることになったので密造はしないように。

大正六年八月

濁酒を造る者は犯罪人なり」

以上のようなことが累々と書かれている。全くその通りであるが、明治時代から続いて大正六年になっても、ほとんど密造をするものが減っていないことを示している。このポスターの背景には政府の税金徴収の強い意志が窺われる。

また、なぜ税金が必要なのかを説いている。簡単に記すと以下のようになる。日清戦争に勝利し、朝鮮、台湾を得てさらに強大国とするには国費が必要である。国費は年間六億円であり、そのうち酒税が一億円で最も多い。砂糖税も三二〇〇万円であるから、密造酒でない酒を大いに飲み、砂糖を嘗《な》めて海軍、陸軍を強くしよう。そのためには酒を密造してはいけない。密造を検挙するのはやむを得ぬ。検挙は国のため、国力を強くするため――といささか脱線気味な話が載っている。

政府は庶民の楽しみであったどぶろく造りを厳禁、税収入に結びつかない酒を根絶しようとしたのである。

明治、大正時代からなお剛柔にわたる啓蒙活動も、二〇年以上経った昭和九年（一九三四）の東京朝日新聞には、以下に紹介する随筆が「濁酒地獄」という題で載っている。なかなかエピソードとして面白いので要約する。

その一、北秋田郡の某村に筆者の弟が墓参に赴いたところ、村の人々が徳利を提げて集まるのだが、去年検挙された仁助だけは控えているという。仁助という男は数年前まで在郷軍人分会長をしていた石仏のように堅い男であった。おして知るべし、この村では濁酒密造をしない家は一軒もないという。

その二、ある密造酒矯正協議会で、はじめいかめしい顔をしていた税務署長殿が、村の実情を聞いているうちに一座の空気がいつの間にか濁酒奨励会になり自分も釣りこまれていることに気がつき、こそこそ引き上げた。雄勝郡某村に加藤某という濁酒密造の婆さんがいる。村の援助だけでは食っていけないので濁酒を造っては売り、去年だけで三度も検挙されている。この婆さん、八三歳という高齢なので労役場送りにもできず、困っている。

その三、濁酒売りは魚売りに化けて歩く。背負い籠の底に酒瓶を忍ばせ、夜明け前に家々の裏口から裏口へと売り歩く。そこで彼らは「ふくろ（梟）」と呼ばれている。ふくろは別に男に限らず、亭主に死なれた未亡人とか、家族がうじゃうじゃいる婆さんとかがなる場合も多い。その四、濁酒密造犯の半数は罰金代りに労役処分を受ける。それも働き盛りの男子ではなく、大部分は年寄りが身代わりとなる。刑務所は半身不随の老人や喘息持ちの婆さんなどが沢山いて、まるで養老院だ。労役で罰金を稼がせようにも足腰も立たない老人を収容するために、刑務所を建て直さなければといった笑い話もある。その五、田植えの泥を洗ってどぶろく、盆休みにどぶろく、雨乞いにどぶろくという調子だから、酒役人（検挙する側）は田植えから旧盆めがけて検挙季節としているが、検挙となると命がけである。用心して村内を歩かないと崖の上から石を投げられたり、袋だたきに遭ったりする。夕方、手入れ（検挙）をして村外れを戻って来ると十数人の覆面の若者が現われ、叩きのめされたという。

以上のように、大部分の地域住民が密造している現状から弊害も起きている。北秋田郡の某村の酒造会社はわずか二〇銭のどぶろくに勝てず事業不振で倒産し、その近くの町の酒造会社もつぶれかけている。秋田県の県南地方の雄勝・平鹿郡だけでも密造検挙数は六二〇件余りで、一昨年（昭和七年）より二〇〇件も増加した。このうちの四割は販売で検挙されたものである。酒の密造も、自家用から販売用に移行してきたことがうかがえる。背景には重い酒税から逃れ、また貧しい暮らしの足しにするためどぶろくの密造・密売をする一般庶民のしたたかな生き様が、垣間見えるのである。

第三章　戦争と知られざる発酵

一　小便から発酵で爆薬をつくる

発酵といえば？　と聞くと多くの人は納豆、味噌、酒、ヨーグルト、チーズ、醬油、酢、漬け物などを挙げるであろう。ところが発酵の世界には、食べものでない医薬品や化学製品などもあるのだ。例えば抗生物質とか制ガン剤、酵素類、ビタミン類やアミノ酸類、ホルモン類のような生理活性物質、水の浄化のような環境発酵、メタン発酵やバイオマスのようなエネルギー生産などさまざまなのである。これから述べることは、発酵食品以外の事柄で多くの日本人がほとんど知らない驚くべき発酵の世界を、私が調査したり検証したりした結果である。その中には、今はすでに消えてしまい、伝承者もいなくなったが、貴重な古文書に残された驚嘆すべき発酵もあり、このことを後世に長く記録にとどめておくことも必要かと思い、まず江戸時代初期に行われていた世にも不思議な発酵の話から始める。

それは、信じられないかもしれないが、人間の小便を原料にそれを発酵させて爆薬をつくっていたという話である。私はずっと前にこの話を知り、さまざまな文献や古文書を読み、そのあまりの奇跡に身震いしたほどであった。そこで何度か現地に入って見たり調べたりしてきたが、昔の人たちの知恵には驚かされた。実際にそれがつくられていたのは越中（富山県）の五箇山《ごかやま》である。赤尾谷《あかおだに》、上梨谷《かみなしだに》、下梨谷《しもなしだに》、小谷《おたに》、利賀谷《とがだに》の五つの谷の集落から成る「五箇谷間《やま》」が転じて「五箇山」の地名になった場所である。平家の落人《おちうど》が住み着いたといわれるほどの山奥にある集落で、その五箇山は今は合併により富山県南砺《なんと》市に属している。そこの上梨というところに「村上家」がある。今から四〇〇年以上前の天正年間に建てられた合掌造りの家屋で、五箇山の中でも最大規模の農家であった。一層四階建で切妻造りの茅葺《かやぶき》、戸口は間口三五尺（約一一メートル）、奥行き六七尺（約二〇メートル）もある。家屋は国指定重要文化財となっている。

この村上家の建物は現在、民俗資料展示館となっていて、江戸時代の五箇山の和紙製造や養蚕の道具、生活道具などが展示されている。その中に、これから述べる火薬の製造、すなわち塩硝《えんしよう》製造の道具や古文書、実際に使われた塩硝の「まや」（発酵穴）などが展示されている。また近くにある「塩硝の館」にも塩硝の資料が展示されている。私は村上家から歩いて三分ほどのところにある、かつて五箇山塩硝煮焚屋総代であった羽場《はば》家に行ったところ、そこに江戸時代初期につくられた火薬の実物が結晶状で残されていたのは驚きであった。

塩硝とは、黒色火薬の主成分である硝酸カリウムのことである。すなわち昔は、爆薬も知恵の発酵によりつくられていたのである。加賀藩への上納のため越中五箇山地方に伝承されていた奇跡の発酵で、永禄三年（一五六〇）ごろからつくられ始めていた。記録によると、石山本願寺が織田信長に攻められた石山合戦（一五七〇〜一五八〇）では、五箇山の塩硝が鉄砲に使われたと江戸時代の文書に記されている。とすると、天文一二年（一五四三）に種子島に鉄砲と火薬が伝来してからわずか三〇年足らずという速さで、日本の五箇山で火薬がつくり出されたのであるから驚きだ。

　塩硝の生産工程はまず、数年かけて塩硝土をつくることから始める。六月ごろ、家の囲炉裏周辺の床下二間（約三・六メートル）四方に深さ九尺（約三メートル）の擂鉢《すりばち》状の穴を二つ掘り、その中に稗殻《ひえがら》を敷きつめ、その上に水分を少なめに含んだ良質の土（耕作用や山林腐食土など肥沃なもの）と蚕糞《こふん》（カイコの糞）および鶏糞を混ぜ合わせたものを堆積する。さらにソバ殻、ヨモギの葉や茎、麻の葉を干したり蒸したりしたものなどをその上に敷きつめ、再び土と蚕糞、鶏糞を混ぜ合わせたものを堆積する。こうして交互にそれらを積み重ね、最後に一番上から村人が皆んなで大切に溜めておいた人間の小便を大量にかけ、その上に土を被せる。この二つの発酵穴のちょうど中間ほどの位置の真上に炉がくるようにする。こうすると、家の囲炉裏ではいつも火を焚くので、それが地熱となって伝わり、年中発酵が続くことになる。こうしてそのまま長い間、発酵させ、五〜六年後にこれを掘り出す。

この発酵の終了したものを塩硝土と呼び、底に口の付いた土桶《つちおけ》という檜《ひのき》作りの桶に移し、上から水をまんべんなく振りかけながら、一昼夜かかって浸滲してきた濾水を釜で煮詰め、途中、草木灰を加えてから濾過した濾液を再度煮つめて最後に木綿布で濾す。これを放置して、自然乾燥したものが灰汁《あく》煮塩硝《にえんしょう》である。さらにこれを数度精製を繰り返すと上煮塩硝となり、これを加賀藩へ納めた。藩ではこれを細かい粉にして木炭と硫黄の粉を混ぜ合わせ黒色火薬にしたので

小便から火薬をつくる発酵槽の断面。囲炉裏の床下に稗《ひえ》殻を敷き、その上に腐植土、蚕糞、鶏糞などを重ねていき、その上から溜めておいた小便を振り掛け、土で封をして発酵させた（写真は菅沼世界遺産保存組合提供）

ある。明治中期まで、五箇山地方では塩硝づくりが重要な産業として行われていたが、そのうちにチリ硝石が輸入され始めると衰退し、明治二四年、全面的に生産が終った。

　塩硝製造の原理は、蚕糞や鶏糞、人尿に含まれている尿素（$CO(NH_2)_2$）が、土壌中の硝酸菌を中心とした微生物の作用を受けて脱炭酸されてアンモニア（NH_3）となり、これが酸化されてまず一酸化窒素（NO）となる。さらにこれが酸化されて二酸化窒素（NO_2）となり、これに水が付いて硝酸（HNO_3）になる。一方、ヨモギの葉茎や麻の葉など植物の草木灰には多量のカリウム（K）が含まれているが、これが水と反応して水酸化カリウ

理論式①

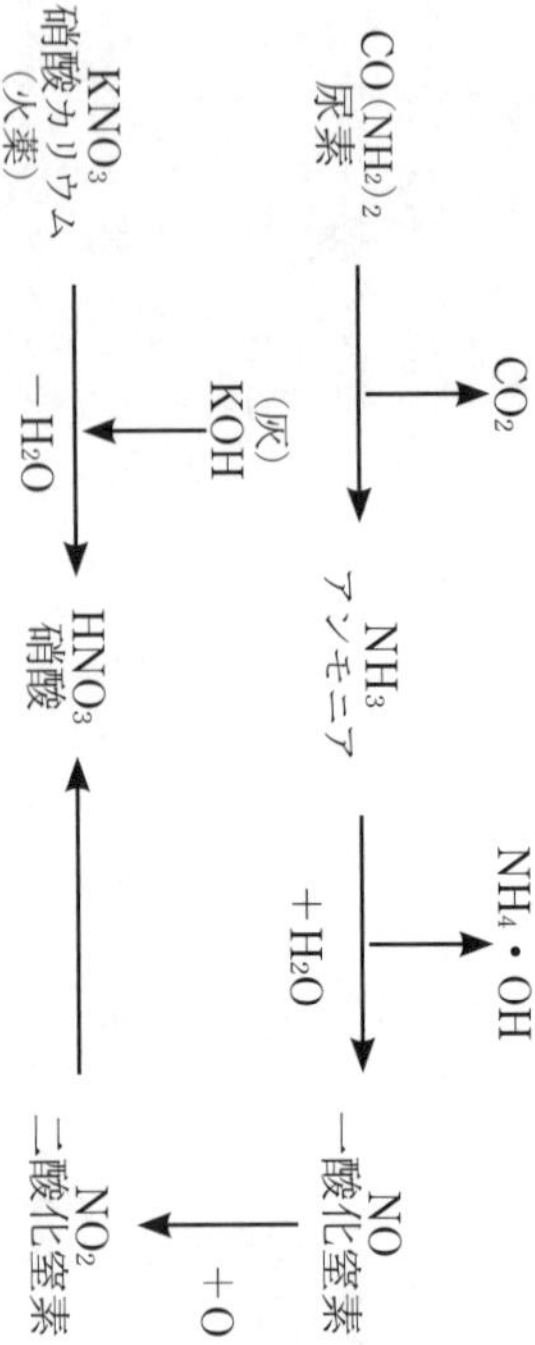

ム（KOH）となる。そのカリウムが硝酸と結合し、硝酸カリウム（KNO_3）が出来るという実に綿密に計算された高度な化学である。

誰が一番最初に考えだしたのか、まったく知るすべもないが、今から四〇〇年以上も前、化学は勿論微生物の存在もわかっていなかった時代に、正確な科学的根拠を背景としたこの塩硝発酵という微生物の利用があったことは、まさに神懸かり的発想と言えるほど奇跡的な発酵産業である。

五箇山で塩硝づくりが行われた理由は、あまりにも山の中で、外部からほとんど人が訪れないところであったので、この火薬づくりの方法が外部に漏れることを防ぐのに好都合だったからと言われている。その上、山と谷ばかりで米があまり穫れない五箇山では収入源は乏しく、養蚕をしたり和紙をつくったりしていたが、それらを幾つもの峠を越えて運んで行かなければならない苦労は大変なものだった。そこで加賀藩は、五箇山の人たちに塩硝をつくらせ、それを年貢として納めさせることにしたのである。こうすれば藩は貴重な塩硝を手に入れ、五箇山の人たちは年貢の米を納めずに済む。加賀藩はこの塩硝を他藩に売って重要な財政収入源としていた。

二　発酵で爆薬ニトログリセリンを生産

一七世紀のレーウェンフックの微生物の発見以来、スパランツァーニやパスツールによる発酵現象の微生物起源の証明、コッホやハンゼンによる細菌や酵母の純粋分離、ブフナーによるアルコール発酵酵素（チマーゼ）の発見など、発酵の世界にはその基礎が着々と築かれていった。この期間を発酵技術の第一期と呼ぶことにしよう。

この第一期の技術は、ヨーロッパにおけるワインやビールの製造管理技術に早速組み入れられるなど、その波及はかなり迅速であった。その結果、酒はそれ以前のように腐造に悩まされたり、有害菌に汚されたりすることが大幅に減少したが、それはパスツールの考案した低温殺菌法のためであり、またハンゼンによる酵母の純粋分離と培養酵母の添加技術の開発のためである。また、ブフナーのアルコール発酵酵素チマーゼの発見は、その後、多くの発酵現象のメカニズム解明に役立ち、微生物学や発酵学の発展のために大きく寄与した。

このように、発酵技術の第一期は、その後の発酵技術の基礎確立のための土台づくりといった重要なものであった。しかし発酵が、物質の大量生産という真に工業としての様相を歩みだすのは、それからなお半世紀後の一九一五年ごろからである。このころ、ヨーロッパの強大国の間で突如として発酵工業が異常なほど進展をみせたが、実はその発端は人類にとってまことに皮肉なものであった。それは、人類のために有用であるべきはずの発酵技術が、人間にとって最も有害無益である戦争という悲惨な行為のために利用されだしたからである。

第一次世界大戦直前から、参戦国は火薬や爆薬をつくるためにニトログリセリンの製造を行っていた。ニトログリセリンはきわめて強力な破壊力を持った爆薬で、これが発明されるまで使われていた黒色火薬の実に七倍もの威力を持ったものである。ノーベル（Alfred Bernhard Nobel, 1833〜1896）が、ニトログリセリンが発明されるとすぐに、これが単独では危険すぎるため、珪藻土やゼラチンに吸着させ、さらに確実に爆発させる雷管を発明して、ダイナマイトの起爆法を確立したのは有名な話である。

ニトログリセリンは、発煙硝酸（二酸化窒素を多量に含んだ濃硝酸）と濃硫酸の混合液にグリセリンを作用させることによってつくられる。当時、ニトログリセリンの原料となるグリセリンは、各国とも天然の油脂をアルカリで煮、加水分解してつくっていた。油脂はグリセリンと脂肪酸が結合してできたものであるから、これを加水分解すれば簡単にグリセリンと石鹸（脂肪酸）が得られる。

このグリセリンは、ニトログリセリンの原料になるばかりか医薬品や塗料、セロファンなどの原料にも使われるので、軍需物資として重要な位置を占めていた。だが油脂は当時、なかなか高価なものであったため、各国は第一次大戦に入る前からグリセリンを安価で大量に生産する方法についてさまざまな研究を行っていたのである。しかし、とうとうその実現をみないままに、ヨーロッパ各国は第一次大戦に巻き込まれていく。そして大戦中、ドイツ・オーストリア側はいよいよグリセリンの給源に欠乏しだすと、微生物学者コンシュタイン、リュデッケ、ノイベルグらに命じて、グリセリンを微生物で発酵生産する方法の研究にあたらせた。

　グリセリンはアルコール発酵する酵母によって、発酵の際にわずかに生産されるものであることは、すでにパスツールによってわかっていた。彼らは昼夜を徹する精力的研究の末、たったの一年半という異例な短期間のうちに、発酵法によって大量にグリセリンを生産する方法を確立してしまった。

　その方法は、糖を発酵させる際、そこに亜硫酸ナトリウムを加えるというもので、ドイツは早速全国二〇ヶ所におよぶ甜菜《てんさい》（サトウダイコン）糖工場の中にグリセリン発酵のための簡易工場をつくり、工業的発酵生産を開始した。当時の記録によると、ドイツでは月産一〇〇〇トンものダイナマイト用グリセリンを発酵によって生産していたという。糖からグリセリンを生産したノイベルグの方式は理論式②によって示される。

理論式②

$$\underset{\text{糖}}{C_6H_{12}O_6} + \underset{\text{亜硫酸ナトリウム}}{Na_2SO_3} + \underset{\text{水}}{H_2O} \xrightarrow{\text{酵母による発酵}} \underset{\text{グリセリン}}{\begin{matrix} CH_2\cdot OH \\ | \\ CH\cdot OH \\ | \\ CH_2\cdot OH \end{matrix}} + \underset{\text{アセトアルデヒド・亜硫酸水素ナトリウム}}{CH_3CHO\cdot NaHSO_3} + \underset{\text{炭酸水素ナトリウム}}{NaHCO_3}$$

一方、このドイツの発酵法によるグリセリンの製造と時を同じくして、アメリカでも発酵によってグリセリンを生産する研究が行われていた。その結果、アメリカはドイツの開発した方法と異なり、酵母による発酵の際に培養液をアルカリ性に保つことによって、次のような発酵理論からグリセリンを生産することに成功した（理論式③）。

理論式③

$$2C_6H_{12}O_6 + H_2O \xrightarrow[\text{(アルカリ性)}]{\text{酵母による発酵}} 2\begin{array}{l} CH_2\cdot OH \\ | \\ CH\cdot OH \\ | \\ CH_2\cdot OH \end{array} + CH_3\cdot COOH + C_2H_5\cdot OH + 2CO_2$$

糖　水　グリセリン　酢酸　エチルアルコール　二酸化炭素

三　芋を発酵させて爆撃機の燃料をつくる

第一次大戦中、ドイツやアメリカがグリセリンの発酵生産に夢中になっているころ、今度はイギリスやアメリカの別の研究者は密かにアセトンを発酵によって生産する研究に着手していた。アセトンはニトロセルロース（綿火薬）を得るのにどうしても必要な溶剤であり、また、そのニトロセルロースにショウノウを加えると、人類初の合成樹脂セルロイドができる。セルロイドは、写真のフィルムや兵器の重要部品にも使われ、またアセトンは綿火薬の製造や航空機塗料の溶剤にも使われる。そのためアセトンを発酵法によって安価で大量につくることは、戦いを有利に展開する方法でもあったのだ。

だが、イギリスとアメリカの両国が、発酵法によってアセトンの製造法を完成させた時、第一次大戦は終結を迎えていた。ところがその終戦の直後から、アメリカでは自動車工業が急速に盛んとなり、その塗料の溶剤にアセトンやブタノール（ブチルアルコール）がどうしても必要となった。そこでアメリカは、さっそくその溶剤を、すでに開発していた発酵法によって生産しはじめたのである。

イギリスやアメリカが考えだしたそのアセトンの発酵法は、細菌の一種である酪酸菌で行うことを特徴とし、糖を原料にして大量のアセトンを得る時、ブタノールまで大量に生産させることができるという、一石二鳥の方法であった（理論式④）。

理論式④

$$3C_6H_{12}O_6 \xrightarrow{\text{酪酸菌}} CH_3 \cdot CO \cdot CH_3 + 2C_4H_9 \cdot OH + 7CO_2 + H_2O + 4H_2$$

糖　アセトン　ブタノール　二酸化炭素　水　水素

アメリカに次いで、自動車工業先進国のイギリスとフランスもこのアセトン・ブタノール発酵を工業化し、生産を開始した。日本では、第一次大戦直後に海軍がこの発酵に興味を持ち、イギリスからその発酵菌である酪酸菌の一種を取り寄せ、研究を行ったが、実際

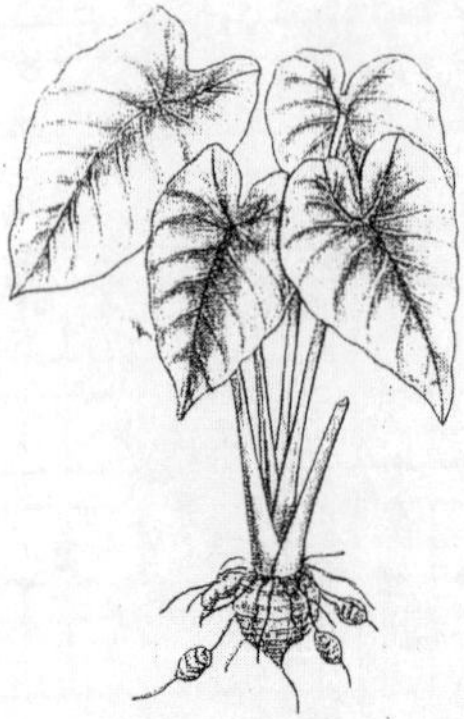

タロイモ。日本軍はこの芋を発酵させて南方諸島で飛行機を飛ばした（『大百科事典』平凡社より）

の製造までには発展しなかった。ところがこの研究は、第二次世界大戦で再び脚光を浴びてくる。

第二次大戦末期、石油資源を十分に持たない日本は、ついに飛行機の燃料まで底をついてしまった。その代用をわが国特産の産物でなんとか補うことはできないものかと、さまざまな研究機関が知恵をしぼり出した末、芋で飛行機を飛ばそうというユニークな発想に到達した。

航空燃料はイソオクタンで、その製法は石油中のイソブタンをイソブチレンでアルキル化してつくるか、またはイソブチレンを硫酸、リン酸などを用いて二量化し、生成するジイソブチレンを水素化して製造する。ところが、石油を豊富に持たないわが国の発想とは、サツマイモや馬鈴薯といったデンプン主体の原料を鉱酸や麹菌の糖化酵素で分解してぶどう糖を生成し、それを原料にしてまず酪酸菌によりアセトン・ブタノール発酵を行う。得られたブタノールを脱水してイソブチレンとし、これを縮合、還元してイソオクタンを得るというものであった（理論式⑤）。

理論式⑤

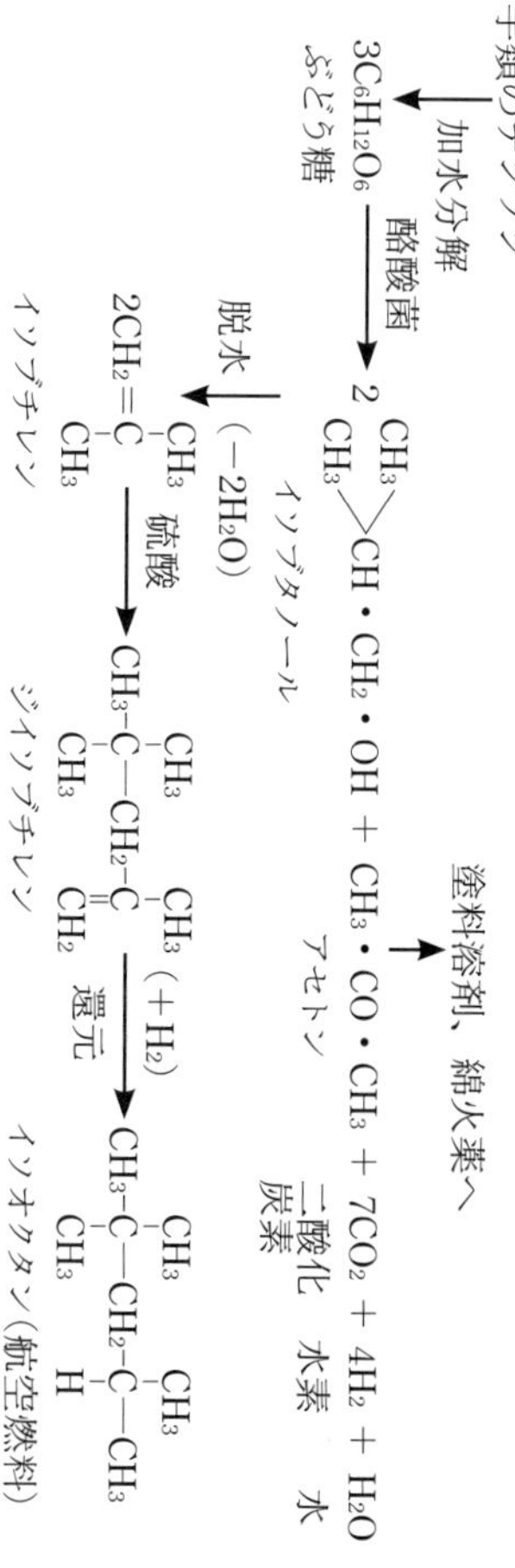

この製造原理にもとづいて、早速日本国内の芋の産地や南方諸島の占領基地などで、アセトン・ブタノール発酵のための仮工場が建設されはじめたが、時すでに遅く終戦を迎えてしまい、この計画はほとんどものにならぬうちに終ってしまった。しかし、このアセトン・ブタノール発酵は、戦後も引き続き資源の乏しいわが国では貴重な発酵として積極的

に取り入れられ、工業的規模での生産も行われていたが、産油国からの原油の輸入量が次第に多くなり、それにともなって終息してしまった。

四　傷病兵のための抗生物質の発酵生産

人間同士が殺し合うという、人類にとってまことに醜い戦争という行為は、その魔性ゆえに時として人間の能力を必要以上に引き出す土壌を持っている。「必要は発明の母」という格言ともあいまって、発酵技術は皮肉にも戦争と因縁の深いものとなってしまったが、このことは裏を返せば、発酵法に頼ればかなりの技術的難題でも解決の可能性のあることを示唆してくれたものともいえる。それを劇的に証明したのが、抗生物質の開発であった。

　抗生物質とは、微生物によってつくられる化学物質で、他の微生物の発育または代謝を阻害する物質のことである。二種の微生物を同一培地上に同時に培養した時、一方の微生物の増殖が阻止されることを拮抗現象（antagonism）と呼ぶが、この現象そのものはすでに一八七〇年代にティンダルやパスツールなどが意識していたといわれている。

　一九〇〇年代に入ると、この拮抗現象はさらに多くの研究者たちによって明らかにされ、その幾人かは実際にこの拮抗作用を示す物質を抽出している。たとえば日本の斎藤賢道はわが国の麹菌がブドウ状球菌や結核菌などの細菌や特定のカビの生育を阻止する物質を生産することをつきとめ、これの抽出に成功している。またその物質の構造は、一九一二年に藪田貞治郎が決定して、これを麹酸と名付けた。

このような拮抗現象を持つ物質を、人間の疾病治療に臨床的に応用しようとしたのがイギリスのフレミングで、一九二九年のことである。彼は細菌の研究中、ブドウ状球菌の生えた寒天培地内に、空気中から偶然とび込んできた青カビ（Penicillium：ペニシリウム）が生え、そのコロニー（集落）のまわりにあるブドウ状球菌が溶かされて透明になっているのを見つけた。彼はこの青カビが細菌の生育を阻止する物質をつくっていると考え、この物質を青カビの学名にちなんで「ペニシリン」（Penicillin）と名付けた。

フレミングがペニシリンを発見し、しかもそれが治療薬としてきわめて有望であることがわかりながら、なかなか日の目を見なかったのは、この物質が化学的に不安定であったため結晶安定化が困難だったからである。しかし、第二次世界大戦中の一九四〇～四一年にかけて、同じイギリスのフローリーやチェーンらは、はじめて安定した形の結晶化に成功した。

ちょうどそのころから、大戦はいよいよ激化の様相を呈し、負傷した多数の創傷者への治療薬として、軍部から強い要求があったこともあり、イギリスやアメリカは急遽、ペニシリンの大量生産にふみきった。そして一年間を工場の建設に費やしながら、一方では微生物学者や医学者たちが大量の発酵生産法や治療法を研究し、ついに一九四三年には大型タンクによる「通気攪拌深部培養法」を確立し、大量生産が始まった。そこで生産された抗生物質は、劇的なほどの著効があり、多くの戦傷者を救ったのである。

わが国では終戦直前の昭和一九年（一九四四）に研究が始まったが、翌年には終戦となり、治療薬としての発酵生産は実現しなかった。しかし、昭和二一年にアメリカのフォスター博士が来日し、ペニシリンの大量発酵生産技術が導入されてからは、わが国独自の抗生物質の輝かしい歴史が始まるのである。

大量のペニシリンの発酵生産技術は、単に抗生物質のためだけではなく、以後の発酵工業の発展に偉大な貢献を果たした。なかでも大型タンクを容器にして、無菌空気を送りながら発酵を行う「通気攪拌深部培養法」は、その後、飛躍的に発展を遂げた発酵工業の原動力となったものである。以上のように第一次および第二次世界大戦中の期間は、グリセリンの大量発酵生産から始まり、ペニシリンの大量発酵生産に至る、大量培養のための基礎を確立した重要な期間であった。

五　海藻を発酵させて軍需用品の沃素をつくる

海藻には多量の無機質が含まれている。最も多いのが塩素（Cl）やカリ（K）、ナトリウム（Na）で、ほかに沃素《ようそ》（I_2）や臭素（Br）、カルシウム（Ca）などが含まれている。沃素以外の成分は、さまざまな素材に比較的多く含まれているが、沃素を含む素材は限定的であるので、それを多く含む海藻に目が向けられたのである。

沃素はエチルアルコールやクロロフォルム、硫化炭素に容易に溶ける珍しい無機質で、エチルアルコールに溶かされたものはいわゆるヨードチンキとして傷病兵たちの傷の殺菌や治療に使われる。また歯の治療に使われるヨード・グリセリンや、殺菌剤ヨードホルムの原料としても重要である。その他写真の感光剤や合成色素の材料にも使われるなど、軍需用薬材として重要な地位を占めていたのである。

日本では第二次大戦中に海藻を発酵して沃素をつくっていた。特に盛んであったのは北海道東の釧路、厚岸《あっけし》、花咲などでの昆布から、本州では相模湾に面した村々や伊豆半島の海岸に面した地域で搗布《かじめ》や荒布《あらめ》から沃素をとっていた。海が荒れたり暴風が来た後、海岸に漂着する大量の海藻を用いていたが、その量に限りがあり、また漂流中長く水中にある

日本の海岸には一年中、海藻が溢れている（『海藻』法政大学出版局より）

ために創傷によって沃素の成分が水中に流出損失する量が多いため、海中に成育する海藻を伐採して原料にした。伐採法は鎌切り法や竿切り法、捻切り法などがあった。

　採取期は二月から六月ごろまでで、原藻（ホンフノリ、クロフノリ、ヤナギフノリ、オゴノリ、ツノマタ、イギスなど）を陸揚げしてから膨潤化するために発酵させるのである。原藻を湿らせたまま桶の中に入れたり、俵《たわら》か叺《かます》に詰めて一週間ほど放置すると著しく発熱しながら発酵が進む。発酵は主として細菌と酵母によって行われ、発酵することによって原藻の組織が崩壊し、ドロドロと溶解した発酵藻の中に沃素やマグネシウム、カリウムなどが遊離しているのである。それを乾燥してから燃焼して炭化させる。その灰を冷水で浸出した後、その灰汁を濃縮し、そこから沃素だけを分別析出する。すなわちここでの発酵の目的は、原藻から効率よく沃素を取り出すための手段として応用されているのである。

六　戦争と堆肥

堆肥は稲藁《いなわら》、麦藁、籾殻《もみがら》、木屑、枯葉や枯草などの植物残渣を堆積し、発酵腐熟させたものである。発酵は主として植物腐朽菌群で行い、発酵の最盛期には七〇℃ほどの高温になる。この発酵中、堆積された植物組織は微生物によって分解され、無機物や炭水化物、窒素など作物植物に吸収されやすい形に変化し、さらに作物が力強く生長するための、さまざまな微量栄養素が豊富に蓄積される。とりわけアンモニア（NH_3）、リン（P）、カリウム（K）、カルシウム（Ca）、マグネシウム（Mg）、鉄（Fe）、クロール（Cl）、銅（Cu）、ニッケル（Ni）、ホウ素（B）、モリブデン（Mo）などのミネラル類は堆肥の材料（すべて有機体）から分解されて出てくる成分で、これらは作物植物の生長や健康に極めて重要な役割を果たすものなのである。従って化学肥料や農薬などが無かった昔は、田畑に施肥するものは全てこの堆肥であった。近代になって、堆肥をつくることは時間もかかるし面倒なことだとして、ほとんどの農家は化学肥料である硫酸アンモニウムやリン酸カリウムのような真っ白い粉体を撒くだけとなってしまったので、植物は健全に生育できず、従ってトマトやキュウリのような野菜や米や麦のような穀物そして果物などは、美味しくなくなってしまったのである。

堆肥はまた、作物に対する肥料効果のみならず、土壌に腐植成分を高めることになり、土は膨軟《ぼうなん》となって作物の生育をよくする。当然、堆肥成分は微生物の栄養にもなるので、土壌微生物を活性化させることになり、土壌をさまざまな物質変化の場にし、土を一層肥沃にするとともに作物根の生育環境を理想的なものにする。

さて、日中戦争や第二次世界大戦下、これまで述べてきたように日本は統制下に置かれた上に戦禍の拡大によって食糧を含めて何もかも不足の状況に陥っていた。そのため、本来は農業国であった日本は、米や麦などは勿論、野菜や果物の生産にも支障を生じていた。その最大の理由は、戦争によって海外からの物資がストップし、それまで輸入に頼ってきた化学肥料の硫酸アンモニウム、過リン酸石灰、石灰窒素、硝酸ソーダ、石灰カリなどの植物栄養剤が、手に入らなくなってしまったからである。これでは、農家が作物をつくることは絶望的となり、昭和一四年（一九三九）に「肥料消費調整規則」が公布され、菜種油粕、綿実油粕、鰯搾粕《いわししぼりかす》などが耕作者側に提供されるようになった。しかしそれらの肥料にも限界があり、次第に堆肥を中心とする自給肥料の使用を奨励することになっていく。

そして昭和一六年（一九四一）には、使用される堆肥の六割近くが自給肥料となり、昭和二〇年（一九四五）には九割を占めるに至った。そのため農林省は、「肥料消費調整規則」発布に伴う実行策として自給肥料改良増産一斉運動や堆肥増産運動の助成を行った。そして昭和一七年（一九四二）に「農業生産奨励規則」を公布し、その一環として自給肥料改良増産を位置づけ、補助金に基づく堆肥生産倍加運動、挙国草刈運動（草を堆肥の素材とするため）、肥料自給化動員などを展開した。昭和一八年（一九四三）には堆肥増産報奨金制度を設け、反当り三〇〇貫以上の堆肥を製造した集落農業団体に一団体当り八〇〇円の報奨金を交付、その二年後には「肥料自給の最後の方策」として「昭和二十年夏作及び秋冬作肥料自給必遂運動」を展開する。この運動は全国に広まり、例えば三重県三重郡大矢知村（現在の四日市市に属する）では、県の指示に基づいて「堆肥積込週間」を設定し、小学校や青年学校の児童生徒らに落ち葉や藻草、塵芥屑物を集めさせ堆肥づくりを行っている。「暇をつくらず堆肥をつくれ」、「私腹肥やすな土肥やせ」、「小さな庭にも自給の野菜」といった、戦時下標語や国策標語も世に流れた。

大正九年（一九二〇）三月に神奈川県内務部から発行された『堆肥のすゝめ』という冊子には、堆肥の効果から製造方法、施肥方法まで詳しく記載されており、現代の堆肥学の理論から見ても極めて適切なものとされていて、いわば堆肥のバイブルのような本である。当時神奈川県は堆肥の研究では全国に先がけた先進県で、この冊子が基本となって戦中、戦後の堆肥のつくり方にまで影響を及ぼしたのである。

その冊子を要約すると以下のような三節に分けて述べられている。

先ず「堆肥の効能」が論じられていて、そこには六つの効果があるとしている。「一、堆肥は諸種の養分を徐々に作物に供給する効あり」「二、堆肥は地力を維持するの効あり」「三、堆肥は土質を改良する効あり」「四、堆肥は土地の養分又は他の肥料をして作物に吸はせ易くする効あり」「五、堆肥は土壌に吸収力を与ふる効あり」「六、堆肥は有益な細菌を田畑に与ふる効あり」

次に「堆肥の材料」については以下のように述べている。牛・馬・豚等の厩舎から出る厩肥をはじめとして、動物質ではふん尿、骨、血液、革、毛髪等、植物質では緑肥、落葉、もみ殻、藁稈、雑草、水草、海草などの他、都会から出る厨芥類（注：台所などから出る生ゴミなど）が使える。都会からたくさん出る所の厨芥類は堆肥の好材料である。ところが現今、多くの都会ではこの厨芥類の捨て場に困って、やむを得ず埋め立て地に利用しているようなわけで、むざむざ貴重な肥料を地下に埋没しているのは、誠に遺憾至極である。故に、都市付近の農家は、適宜、組合を組織して都会の厨芥を回収し、それをもって堆肥を製造するように致したい。

さらに「堆肥の製造法」も詳細に述べられている。先ず「堆肥舎（注：堆肥を発酵させるための屋根付きの建物）内での堆肥」のつくり方。

（一）堆肥の積み方は、材料の性質によって特別の注意が必要である。厩肥（注：家畜の糞尿、敷わらなどを堆積して発酵させた肥料）はすでに半ば腐熟して糞尿中の窒素は一部分アンモニアに変っているので、最初から良く踏みつけて空気の通わないようにする。このためには水を注いで湿気で空気を遮断するか、もみ殻のような小さな材料を混ぜて隙間をふさぐとよい。（二）わら類、落ち葉、雑草などは発酵しにくいので、堆積の時に土を混合したり、五〜六倍に薄めた下肥《しもごえ》（注：人の糞尿）を注げば、土や下肥に含まれる微生物が発酵を促進してくれる。また、土はアンモニアを吸収するので堆肥をつくるのに適した資材である。（三）堆肥舎の床面に直接堆積すると、堆積物の下部が過湿になるので、材木で簀《す》の子をつくり床の全面に敷き詰める。簀の子の上には、乾燥したトウモロコシの茎や栗の茎葉など硬い物を並べる。（四）その上に材料を踏みつけながら積む。その高さが三〇センチメートル程度になったら、材料が乾いていれば灌水《かんすい》（注：水を注ぐこと）する。その上に土を六〜九センチメートルくらいの厚さに積んで踏みつける。さらに同程度の原料を積み、土を載せ踏みつける作業を繰り返す。なるべく正方形に堆積し、高さは一・五メートル程度にする。最後に土を六〜九センチメートルくらいの厚さに被せる。（五）一回積み上げたままでは良い堆肥はできない。時々切り返しをすること。第一回は、堆積後夏季なら二〇日後、冬季なら三〇〜四〇日後に行う。切り返しで、下部は上部に、外側は中に、内側は外側に置き換える。高さ三〇センチメートルほど積む毎に適時灌水し、硬く踏みしめ、さらに積み上げる。（六）普通二回は切り返しをする。第二回の切り返しは第一回の三〇〜四〇日後に行い、この時は良く切れる鍬《くわ》で縦に切り取るようにする。こうすると堆肥が細かくなり、扱いやすくなる。（七）堆積中に浸み出してくる暗褐色の液は、汲み上げて堆肥にかけてもよいが、この液には作物に吸収されやすい養分が入っているので、蔬菜類の追肥《ついひ》に使うとよい。

　次に「屋外での堆肥」のつくり方。（一）堆積する場所を踏み固め、直径約一・八メートルの円を書き、周囲に深さ六〜九センチメートルの溝を掘り、その一部に、直径・深さ各三〇センチメートル程度の液溜を掘る。このとき、わずかに傾斜をつけて液が溜まりやすくしておくとよい。その上に直径三～六センチメートル程度の適当な長さの竹を二〇～三〇本並べ、この上に材料を積む。このとき、長さ一・八メートルほどの竹を五～六本束ねたものを中央に立て、空気の流通をしやすくする。（二）材料はわら類、落ち葉などを使うが、三～六センチメートルの厚さに積んだ後、良く踏み固める。十分に上から水を注いだ後、一五～二〇キログラムの土を振りまき、よく踏み固める。これを繰り返し、高さ四五センチメートルくらいになったらわらを編んだもので縁取りをする。（三）その上に材料を積んで水を撒き踏み固め、土を載せさらに踏み固め、周囲を縁取りする作業を繰り返す。高さが一・八メートル近くなったら、屋根型に材料を積んで、上にわらで組み上げた屋根をつくり、雨を防ぐとともに日光の直射を防ぐようにする。（四）このまま堆積しておけば夏で二～三ヶ月、冬で三～四ヶ月で中熟の堆肥が出来る。施用するときは、これに縦に鍬を入れ、削り取るようにして粉砕する。

そして最後に「堆肥施用上の注意」が示されている。

（一）堆肥は肥料としての効果が長く続くから追肥にするよりは基肥として施用すべきである。（二）堆肥は、一旦圃場《ほじょう》（注：田畑のような農地のこと）に搬出したならば、なるべくその日のうちに施用してしまわなければならない。もし翌日に繰り延べるときには、それを踏み固め、日光、風雨にさらさぬように薦《むしろ》か菰《こも》で覆いをするか、又は土を掛けておく必要がある。（三）堆肥施用の深さは、砂質の地では少し深めにし、粘土質の地では浅くし、また未熟なものは浅くし、よく発酵した熟肥は深く施すのが宜しい。（四）桑、果樹などのように生育期の長いものや多年生のものには未熟の堆肥を用い、蔬菜、タバコのような生育期の短いものには、良く熟したものを用いるが宜しい。（五）堆肥は、その上部と下部とで性質に多少の差があるので、切り出す時には、縦に削り落として、上下を混ぜて用いるのが宜しい。

以上、今から一〇〇年も前に書かれた『堆肥のすゝめ』を読んでみると、現在の堆肥化の考え方の基礎となっていることには驚かされる。この冊子が出た後には、日中戦争や第二次世界大戦が勃発し、輸入に頼っていた化学肥料は底を突いて、日本の農業生産力は瀕死の状況に陥った。そんな困難の中、日本人の命を支えたのはこの国の伝統技術である堆肥の発酵生産であったことを思うと、目にも見ることの出来ない微細な生きものである発酵菌の底力には畏敬の念を抱かざるを得ない。

七　戦争と柿渋

「柿渋《かきしぶ》」は、中世以降から近代の庶民生活においては欠くことのできない必需品で、これも発酵によってつくられてきた。そのため近世には、江戸、京、大坂などといった人口の集中する都市には渋問屋も形成され、また山城（京都府南部）、美濃（岐阜県南部）、備後（広島県東部）など全国各地に産地も形成された。一六九七年の『農業全書』、一八五九年の『広益国産考』などには柿渋の効用や製法が詳解されている。

戦時中の柿渋製造風景

渋《しぶ》とは一般にタンニン質のことをいい、柿渋はその代表的なものである。柿渋の主成分はシブオールというポリフェノールの一種で、これを繊維質（布、紙、木など）に塗布すると、シブオールによる収斂《しゅうれん》が起こり防水性を持たせることができる上、防腐性も与えるから、傘、団扇《うちわ》、板塀などに塗って天然塗料とした。また、第二鉄塩と結合して青または黒みを呈するため染料としても利用された。さらに日本酒の清澄剤としても重宝されるなど、今日でも一定した需要を持っているのである。

柿の実が最も渋味の強くなる八月中旬ころから、原料の柿の実が集められる。収穫した丸いままの原料柿の原液を玉渋と呼び、これを採取した後、そのまま放置しておくと質の良くない渋ができるので、収穫したその日のうちの新鮮な実で仕込みを行う。

その手順は、まず渋柿を砕き（昔は臼《うす》と杵《きね》で搗《つ》いたが昭和一〇年ごろより粉砕機が導入された）、この砕かれた玉渋を「もろみ」といい、これを大きな木桶に入れ、上から少量の水を加え、よく攪拌して発酵を待つ。仕込み後、四、五日経過すると、盛んに炭酸ガスを沸かせ、特有の異臭を放って発酵が開始されるが、これをそのまま放置しておくと腐ってしまうので、「フンゴミ」（踏込）という作業を行う。フンゴミは、仕込んである大桶のなかに人が入り、一時間ほどもろみを踏みつける作業で、これを一日二～三回、一週間ほど続ける。

発酵を終えたもろみは袋に入れて圧迫し、渋搾りを行う。最初に出てきた柿渋を一番渋といい、袋に残った粕は再び桶に戻して水を加え、一週間ほど再発酵させてこれを搾ると二番渋が出来る。こうして出来上った柿渋は、大桶や甕に貯えるが、貯蔵期間中も幾分発酵を続けるため、三～六ヶ月ほどはそのままにしておき、発酵が収まり熟成も十分となったころあいをみて四斗樽に入れて出荷する。発酵の目的は、シブオールを均一に分散させて安定させ、塗料や染料とした時にきめ細かな収斂が起り、平滑な塗面とするためである。発酵微生物は主として酪酸菌や枯草菌属といった細菌であるので、発酵中に酢酸、酪酸、プロピオン酸などを生成し、不快な酸臭を漂わす。

柿渋の主な出荷先は傘製造業、染めもの業、漁網製造業、漆器業、塗装業、薬用（火傷、虫さされ、中風、脳卒中、高血圧などの民間薬として使用された）、日本酒醸造業（清酒を清澄させるための濾過剤や酒を搾る時の袋の目詰まりの処理）などである。

また、柿渋の主な産地は埼玉県赤山渋（今の川口市とさいたま市が境を接する周辺地域）、備後渋（広島県東部）、揖斐《いび》渋（岐阜県南西部）。美濃渋（岐阜県南部）、山城渋（京都府南部）、越中渋（富山県）、会津渋（福島県西部）、信州渋（長野県）など広範囲にわたっていた。

用途	項目
木材塗料	家屋・船舶
和紙塗料	火薬の包紙 鉱山用導火線 火薬・型紙 一閑張・金唐紙 壁紙・傘 果実袋・小包用紙
繊維・染色塗料	陸海軍用ロープ 被服・漁網
醸造用	清酒・味噌の腐敗防止
薬品	蝮等の毒蛇の毒を消す

戦時中の柿渋の用途一覧

その柿渋は、第二次大戦中にはさまざまな用途で使われた。柿渋は強い防水性があるため、造船の際に肝要な箇所での塗付に役立ったり、艦船上で使う太くて頑強なロープを更に強固なものにするために柿渋が塗られた。また、塗料用のペンキが不足していたので、柿渋がその代用品となって軍の兵舎を塗り染めたといった例も見られた。また大阪市にある西川という専門の柿渋屋には、軍艦の甲板用の塗料として舞鶴の海軍宛に大量に出荷していた記録が残っている。また、米国本土を爆撃せんとするために、風船爆弾がつくられたが、風船の紙を張り合わせるときコンニャク糊に柿渋を混ぜた特殊な接着剤を考案し、それにも使われたということである。さらに柿渋で紙を処理すると、電波探知機に探知されない状態になることを知ると、それを応用した秘密兵器もつくられたという。

一方、柿渋はわが国独自の民間薬で、古くから家庭でも普通に常備してあり、例えば『家庭に於ける実際的看護の秘訣』（通称「赤本」）にまでその効能や使い方が載っている。例えば中風（脳出血後に残る麻痺状態）については「赤本」に次のような治療法が記されている。「柿渋約一勺（注：一勺は一合の一〇分の一）、オロシ大根搾汁約一勺（柿渋は布でこして用いる。大根の辛いのは刺激が強くて吐くことがあるから辛味の去る程度に少し煮る）。右一回量として一日二回か三回空腹時に飲む。ただし、大根の無い場合は水で薄めても良し。斯くして七日間位連続服用し、七日休んでは又七日飲む。之を何回も繰り返す。続けて飲んでも差支えない。一、柿渋は古いのが宜しい。薬店にも、傘製造屋にもある。混ぜものがないものを選んで買うこと。柿を搾ってとりたての渋は強すぎる。一、鉄瓶で沸かした湯、鉄類の入った薬、茶を飲まぬこと。毎日清水を成るべく多く飲むこと。一、七日間続けて七日間休み又七日飲む。之を長く続けること」。

　柿渋の効能についてはこの中風のほかに「凍傷・あかぎれ」、「火傷《やけど》」、「抗蛇毒剤」など数多くあり、柿渋生産地に近い京都、大阪、広島、岐阜、岡山、富山、埼玉、島根、鳥取あたりからの出征兵たちは、身を守るために柿渋を大切に持って行ったということである。そのため例えば大阪市内には戦時中に柿渋屋が八～一〇軒もあったということだ。太平洋戦争の時には柿渋も統制品となり、柿渋の関西統制組合まで組織されていた。

　柿渋と戦《いくさ》といえば、ほとんどの人にあまり知られていないのが村上水軍での実話といわれている話である。近世における柿渋の主な生産地は備後国・山城国・美濃国で、その中で最も歴史が古く盛んであったのは、備後国の因島《いんのしま》であった。今は広島県尾道市に属する面積三五平方キロメートルという小さな島で、村上水軍の拠点でもあった。ここで謎が出てくるのは、瀬戸内海に浮かぶ小さな島に、中世期最大の柿渋生産地がなぜ存在していたのか、ということである。それを解くのに大きな手懸りとなるのは寛政七年（一七九五）に森重都由《もりしげすべよし》の手によって集大成された『合武三島流《ごうぶさんとうりゅう》船戦要法』という文書で、村上水軍船戦の秘伝書である。森重都由は江戸後期の兵学者で周防国末武《すえたけ》（今の山口県下松市）に生まれ、村上水軍の直系村上宗清《むねきよ》が創出した三島流船戦法に就いて学んだ砲術家である。「三島」とは村上氏が拠点を構えた因島・能島、来島《くるしま》の三つの島のことである。

その書の「水戦の巻」に「浮き沓《ぐつ》の伝の事」がある。「浮沓《うきぐつ》」とは、これを付けると人や馬が自由自在に水の上を走ることができると信じられていた架空の浮き具で、その伝書には実際にそれのつくり方が次のように書いてある。

「古来、浮き沓についての教えがある。その作り方については秘伝である。これは人だけでなく馬にも用いることができるという。伝えによると、浮き沓の作り方というのは、まず鯨の鰭《ひれ》を厚さ一分、幅三分ばかりに削り、それを指し渡し八寸に丸く曲げる。それに二寸間隔で三ヶ所を糸で編み、それに柿渋で溶いた蕨糊《わらびのり》を塗った美濃紙を三度重ねて張り、その上から蟇《がま》の油を塗りつける」といったことが記述されていて、この場合の柿渋の役割は防水剤と接着剤である。

さらに「火術の巻　投げ焙烙の伝」の「焼薬の法」（注：焼薬は火薬）の項にも柿渋が登

場する。

「張り子の玉（注：火薬を詰めた張り子の玉。今でいう手榴弾や砲弾のようなもので「炮録《ほうろく》団《だま》」とも記してある）をつくる方法はいくらもあると言っても、急に必要な時には次のようにすると早くできあがる。まず糠《ぬか》を糊でよく固めて芯の玉をつくり、その上に餅糊や柿渋を塗った紙を貼っていく。それが終った（固まった）ところで穴をあけ、中の糠を出してしまう。そこに焼薬とか焼き玉などを入れて（穴をふさげば）簡単につくることができる」などとある。

また「船考雑事の巻」にも柿渋が出てくる。

「（敵から）火矢とか投げ火が（飛んできても）燃えつきにくい苫《とま》（注：船の甲板に敷く竹などで編んだ目の粗いむしろ）は次のようにしてつくる。厚い紙を二枚合わせ、蕨糊に柿渋を混ぜて張りつける」とある。

このように村上水軍の瀬戸内海での戦いでは、柿渋がさまざまに利用されていたことがわかる。

一方、柿渋はこのように火薬を包む紙や火矢の接着剤などに使われていたほかに、大量に活用されていたのは船の最も重要な部分に当る帆である。それは、沖に出て波の飛沫《しぶき》が帆にあたると濡れて重くなり垂れ下ってくるので風受けの役目が果たせない。そこで防水性のある柿渋が塗られていたということである。それらのことから村上水軍の本拠地の因島では、戦需品あるいは海上生活必需品として柿渋の必要性が高まり、瀬戸内海の島々にはそぐわないが、それを自給しようとして苗木を持ち込み、柿の木を育て、果実から渋を生産したのである。

『因島市史』によれば、近世中期の因島各村の果樹栽培は次のようであった。

田熊村（宝暦五年、「村立実録帳」による）柿木凡三〇〇本。蜜柑七本。橙木凡二三本。九年母凡三本。

大浜村（安永三年、「村立実録帳」による）柿木四五本、橙木三本。

中庄村（安永三年、「村立実録帳」による）柿木四五〇〜四六〇本（但、一本につき三匁程宛銀取り申し候）、蜜柑三〇本、九年母凡三本、橙木凡三〇本。

重井村（安永三年、「村立実録帳」による）柿木八七本、蜜柑四本、橙木一一本。

このようにどの村でも一番多く栽培されていたのは柿の木で、中庄村の柿の木には一本につき銀三匁の税金がかけられている点は注目に値する。当時は米一石に対して銀五〇匁位であったから、柿の木を二〇本も持っていれば米一石以上に相当する税金を払わねばならないことになる。これは、柿の木がそれだけの価値を生みだすものであったからであろう。

第四章　ウクライナとロシアの発酵嗜好品

一　ウクライナとロシアの伝統発酵料理

今戦争状態にあるウクライナとロシア。実に痛ましいことである。これまでウクライナ人とロシア人は親戚のように暮らしてきた。それだからこそ、今のこの状態は誠に悲しいことである。

ところで伝統料理に「ボルシチ」という煮込料理があるが、ボルシチは日本ではロシア料理の代表のように思っている人も少なくない。ところが歴《れっき》としたウクライナの伝統料理であり、このようにロシア料理と思われているものの中には、ウクライナ発祥のものが実に多いのである。ここでは発酵食品を使うウクライナのボルシチと、ロシアにも古くから伝わってきたというこれも同じ発酵食品を使う「ビーフストロガノフ」について見ていく。また、発酵嗜好品として双方の国は「ワイン」をつくり飲んできたが、両国のワインにも若干の歴史の違いなどもあるので述べていこう。

まず世界的に有名な「ボルシチ」だが、これはウクライナ発祥のすばらしいスープ料理である。世界三大スープ（ウクライナやロシアの「ボルシチ」、タイの「トムヤムクン」、フランスの「ブイヤベース」）のひとつとされ、ウクライナで発祥してから他の東欧諸国や北アジアなどに広まっていった。具にビーツ（地中海沿岸が原産の砂糖ダイコンで、今はヨーロッパ諸国でも一般的に食べられている）を使用することが定番で、その他の具には牛肉あるいは豚肉、または魚などを加えたり、野菜だけでつくったりと、地域によって多くのバリエーションがある。この料理にはまた乳酸発酵をした食品である「スメタナ」というサワークリームをトッピングするのが定番で、これを加えると美味しさがぐっと引き上げられ、さらには整腸作用が期待されるという健康料理でもある。

　ビーツは鮮やかな赤紫色をしており、土っぽい香りと甘みが強い味わいを持っている。見た目は赤カブや丸形の赤大根によく似ているが、実は意外なことにホウレンソウと同じ科に属している。和名は「火焔菜《かえんさい》」といいサトウダイコンの一種である。そんなビーツは「スーパーフード」と呼ばれるほど栄養的機能性を持っていて、そのひとつは強い抗酸化力を有していることである。細胞の老化や疾病の原因は活性酸素といわれているがそれを除去してくれるのである。その働きをする主要成分がビーツの鮮やかな赤紫色のベタシニアンで、この色素はとても強い抗酸化力を持っている。

　ビーツには「食べる血液」あるいは「植物の血液」という異名があるが、赤い色素が人間の血液のように見えるからである。その作用を持つのは造血ビタミンである葉酸だが、ビーツにはこのビタミンがたっぷりと含まれている。この葉酸は、新しく生まれる細胞（新生細胞）をサポートする役割を担っているほか、成長期にある子供や妊娠中の女性には欠かせないビタミンである。

ボルシチのベース（ビーツ、キャベツ、トマト、タマネギ、ジャガイモ、ニンジン、牛肉などをコンソメや水で煮る）は六時間ほどかけてじっくりと煮込むと、うま味がたっぷりと溶け込んだ濃厚スープとなる。それを具ごと器《うつわ》に盛り、その上にスメタナ（サワークリーム）をトッピングして出来上りである。これをウクライナ伝統のパンプーシュカと共に食べる。

スメタナは東欧発祥の発酵乳である。当地では「サワークリーム」ではなく「スメタナ」と呼ぶのが本流だそうだが、いずれにしても牛乳を乳酸菌で発酵させたものである。ヨーグルトは乳酸菌のみで発酵するが、スメタナは通性好気性菌（酵母など）と嫌気性細菌（乳酸菌など）とが共存して発酵する点が異なっている。スメタナは比較的低温でも発酵菌の増殖が進むので、一般の乳酸菌でのヨーグルトのように加温しなくても発酵できる。低温で保てるため雑菌も侵入しにくい。

ボルシチのときに添えるパンプーシュカも発酵食品のパンである。ウクライナ語の「小パン」という意味で、ウクライナの伝統料理のひとつである。丸くふかふかした小さなパンで、香ばしくコクがあって美味しい。つくり方はライ麦粉や蕎麦粉、小麦粉、半小麦半蕎麦粉に水を加えて練り、それに酵母を加えて発酵させる。ふっくらと膨れてきたパンを焼き上げて出来上りだが、そのまま食べるか、または油で揚げてから甘いもの（加糖粉乳や粉糖など）をかけてデザートとして食べることもある。通常のパンプーシュカは具を詰めないが、時には甘い果物（イチゴやリンゴ、サクランボなど）、あるいは芥子の実などを入れることもある。ウクライナのリヴィウでは毎年パンプーシュカ祭りが行われるが、現在は戦争で中断されていて、一刻も早く平和が戻ることを祈るばかりである。

　ロシア料理からは、ウラル地方で最初に創案されたといわれる、このスメタナを使った「ビーフストロガノフ」について述べる。一六世紀の貴族ストロガノフ家の家伝の一品であるとされるが、考案者と生まれた時代については諸説ある。文献等で有力なのは、アレクサンドル・セルゲーエヴィチ・ストロガノフ（一七三三〜一八一一）の時代に考案された説である。年老いたアレクサンドル・セルゲーエヴィチは歯の多くが抜け落ち、好物のビーフステーキが食べられなくなってしまった。そこで館の料理人たちが彼のために、食べやすい大きさに切った牛肉を柔らかく煮込み、かつ牛肉の風味を生かした料理を考案したというものだ。
二〇世紀に入り、ロシアの料理研究家ヴィリヤム・ポフリョプキンが、この料理はアレクサンドル・グリゴリエヴィチ・ストロガノフ（一七九五〜一八九一）の時代に生まれたものだと主張し始める。ポフリョプキンは、アレクサンドル・グリゴリエヴィチがオデッサに住んでいた時代に開催した「開かれた食事会」のために、コックが初めてつくったものである、と結論づけたのである。考案当初、この料理に名前はなかったが、アレクサンドル・グリゴリエヴィチの没後、この料理を気に入ったオデッサの人々が彼を偲んで「ストロガノフ」の名を付けたという。今日、ビーフストロガノフの起源について言及される際は、このポフリョプキンの説が正しいものとされることが多い。

つくり方は牛肉の細切れとタマネギ、マッシュルームなどのキノコをバターで炒め、若干のスープで煮込む。それに牛乳を発酵してつくったスメタナをたっぷりと入れるのである。スメタナの酸味により肉のしつこさが消え、食べやすくなる。それをバターライスや白飯、パスタ、揚げたジャガイモと共に食べることが多い。ストロガノフ家で供されていたオリジナルのビーフストロガノフは、煮込みの前に牛肉をワインを加えた湯で蒸し、マッシュルームとケッパー（フウチョウボク科の半蔓性の低木の蕾《つぼみ》を酢漬けにしたもの）を加えたものだったという。

二　ウクライナのワイン

次に互いの国の発酵嗜好物のワインについて見てみよう。

ウクライナにおけるワインの醸造は長い歴史と伝統を持ち、幾つかの銘柄は隣国や欧州連合各国およびアメリカなどに輸出されている。今日のウクライナワインの原型は、すでに紀元前四世紀のクリミア南岸にあった。そのころには原料ブドウの圧搾機とアンフォラ（ワインを入れる陶器の一種で、二つの把《と》っ手と、胴から長く伸びる首を持っている）がつくられていた。一方、ウクライナ北部のキーウやチェルニーヒウ周辺のワインブドウの栽培は、一一世紀に修道士たちにより始まった。

女帝エカチェリーナ2世（一七二九〜一七九六）の治世だった一七八三年、クリミアはロシア帝国に併合された。ミハイル・ボロンツォフ伯爵は、最初のワインブドウ園を一八二〇年にヤルタ近郊で始め、大規模なワイナリーを建設、その後一八二八年にブドウ栽培研究所が設立された。有名な発泡性ワインの創始者はレフ・ゴリツィン公爵（一八四五〜一九一五）で、クリミア戦争（一八五三〜一八五六）の後にヤルタ近郊でシャンパーニュを初めて製造した。後に最後のロシア皇帝ニコライ2世（一八六八〜一九一八）の治世下で、今のマサンドラにある国営ワイナリーが設立されている。

ソビエト連邦時代、ウクライナは連邦最大のワイン供給国（かつてソ連はワイン生産量で世界第五位を占めていたが、それはウクライナ、ジョージア、モルドバといった連邦国が優秀なワインを大量につくっていたため）であったが、一九八六年におよそ八〇〇平方キロメートルという広大なワインブドウ園が破壊されるという大惨事が起った。当時のミハイル・ゴルバチョフ書記長によるペレストロイカにともないロシア経済が不安定化する中で、ウクライナのワイン関連企業の中には付加価値の高い欧米市場をターゲットに、高品質のワインを生産するところが出始めた。これらの企業は近代的な設備を導入したり、技術者を欧米に派遣して最新の技術を習得させたり、逆に欧米の専門家をウクライナに招いて技術の向上を図るなど、新たなマーケットを開拓する努力を重ねていたのである。それらの諸事情（連邦国家の西欧接近に対する警戒感など）の背景があったために、ゴルバチョフによる反アルコール政策（ソ連のアルコール消費制限キャンペーン）の標的にされてウクライナのブドウ園は破壊された。

ウクライナは二〇一四年のクリミア併合以降はロシア連邦からは実質的に脱退状態とな

り、二〇一八年四月に脱退を正式に表明した。しかしそんな困難な状況下から、再び優秀なワインの生産のためにドイツやフランスから優秀なヨーロッパ品種を導入して今日の復活を果たしたのである。

ウクライナの気候風土は、ワイン生産に非常に適している。ロシアの隣なので極寒のイメージがあるのだが実はそうではなく、北緯四四～五二度でフランスとそれほど緯度も変わらない。南部のクリミア地方は亜熱帯に属し、ほぼ全域が温帯大陸性気候で明確に四季があり、夏は暑くて乾燥し、冬は寒い。日中と夜の気温差が大きい特徴もあり、これはワインに適したブドウが栽培される条件でもある。

ウクライナには明確な原産地呼称がないため大ざっぱな区切りとはなるが、ワイン生産地には全部で八つのゾーンがある。ザカルパッチャゾーンは、カルパッチャ山脈の麓の南斜面に広がるウクライナの最も西に位置するワイン産地である。「ザカルパッチャ」とは「カルパッチャ山脈の向こう側」を意味する。フランスのアルザス地方と同様、山が雨雲や北西の冷たい風を遮ってくれるので、夏は長くて暖かく、冬は短くてあまり寒くないという特徴がある。山を越えた風は暖かくて乾燥しており、ワイナリーは最も暖かい地域に集まっている。ヨーロッパ系品種を中心にホワイトフェテアスカ、イタリアンリースリング、セレムスキーグリーン、ホワイトマスカット、セミヨン、リースリングなど多様なブドウ品種が栽培されている。

イズマイールゾーンはウクライナの南西部に位置し、黒海に面したワイン産地である。北の丘陵部では高品質なテーブルワインやスパークリングワインが生産されている。平坦な中央部では、砂地にワイナリーがあり、唯一の原産地呼称「シャボー」が有名である。二五〇〇年以上前に南から来たギリシャ人がここにブドウ畑をつくったと言われている。ヨーロッパ系の品種に加えて、土着品種であるテルティクルック（キツネの尾っぽの意）などが栽培されている。

クリミアゾーンは黒海に面した亜熱帯性気候でほぼ冬らしいものはなく、夏はとても暑い。乾燥した土地は、糖分が多くアルコール度数も高くて酸味の低いワインづくりに適しており、高級デザートワインで知られている。

南西部の草原ゾーンはウクライナ最大のワイン生産地で、ヨーロッパ系品種のシャルドネ、カベルネ・ソーヴィニヨン、リースリング、アリゴテ、ブラックガメイなどのワインをブレンドして、多くのワインがつくられている。特にリースリングでは最高級のワインがつくられている。

ウクライナのワイン。紀元前からブドウ栽培の歴史があるワインづくりの伝統国。自然条件に恵まれたクリミア半島の優良な甘口ワインは世界的に有名。栽培品種は白ワインではルカツィテリ、赤ワインではカベルネ・ソーヴィニヨンやサペラヴィなど。いずれもマサンドラワイナリー(『世界の名酒事典』講談社より)

その他の産地には、トランスドニストリアンゾーン、オデーサゾーン、ドニプロ川下流の砂浜ゾーン、アゾフゾーンがあり、それぞれのゾーンでリースリング、セミヨン、アリゴテ、ピノ・グリ、カベルネ・ソーヴィニヨンなどの栽培が行われ、すばらしいワインが醸出されている。

　ウクライナのワインを語るのに格好のエピソードがある。それは、二〇一五年九月一二日にウクライナ南部のクリミア半島で実際に起こった出来事で、その話はたちまちAFP電など多数のメディアで一斉に報じられ、世界中のワインファンを面白がらせた最大級のサプライズとなった。

ロシアがその一年前に併合したクリミア半島の視察に来ていたウラジミール・プーチン大統領は、私人として同地を訪問していたイタリアのシルビオ・ベルルスコーニ元首相と現地で落ち合った。この両人は長年良好な友人関係にあり、二人は仲良く世界的に著名なマサンドラワイナリーを訪れたのである。彼らを案内したのはワイナリーの女性所長ヤニーナ・パブレンコだった。彼女は熟成庫に案内すると、国宝級のワインの説明を始めた。そこに在るワインは、何百年という長い間貯蔵された極めつけのものばかりで、瓶の一本一本は長い間の熟成のため、全体が真っ黒い色をした風格のあるものばかりであった。実際にロシアの取材班による画像を見ると、埃やクモの巣で覆われた多数のボトルには、キリル文字で書かれた「ヘレスデラフロンテーラ」の文字が写っている。所長はその中の一本を取り出し、プーチン大統領とベルルスコーニ元首相にじっくりと見せて説明したのである。

するとベルルスコーニ元首相は所長に「味わえるのか？」と訊ねた。所長は、あまりに偉い大統領と国賓級の客に断わることができないと思ったのか、その場でその一本の栓を開け、二人はそれを試飲したというのである。ところがそのワインは、とんでもないほど価値のあるものだった。何と一七七五年にスペイン南部ヘレスデラフロンテーラで生産された年代もので、一本約一〇万ドル（約一二〇〇万円）相当であったが、勿論お金には代えられない貴重なものである。さらに調べてみると、そのワインは一九世紀前半にカフカスの総督を務めたミハイル・ボロンツォフの収集品だったこともわかった。

そのことが報じられると、直ちにウクライナ検察当局は、飲んだとされる二人に対して国家犯罪（政府財産の略奪の罪）容疑で捜査に乗り出したのである。検察当局のナザール・コロドニツキー副検察官はＡＦＰやウクライナのメディアに対し、「そのワインはクリミアやマサンドラにとどまらず、ウクライナ国民の財産だ」と語り、推定八〇〇〇万グリブナ（約三億円）以上の価値があったとする当局の見解を付け加えている。取材に同行したロシアのテレビ局が撮影したワイナリー訪問中の二人の映像には、ベルルスコーニ元首相が、ヤニーナ・パブレンコ所長や関係者の前で「このワインは飲むことができるのか」と質問している様子も捉えられている。二人はその後、ワイナリーの多くの従業員たちと一緒に記念写真を撮り、何も起こらなかったかのように、差し迫ったスキャンダルにも気づかず半島のツアーを続けたのであった。とにかくロシアに併合される前のマサンドラワイナリーは、一九九八年に「世界最大のワインコレクション」としてギネスブックに登録され、たとえ一本であろうともボトルを開けるにはウクライナ大統領からの許可と命令を必要とするほどの権威あるワイナリーである。

その後この訴訟は続いているものの、クリミア半島が一方的にロシアに併合されていることなどもあって進んでおらず、さらに両国が戦争状態に陥ったため未解決のままである。ただ解っていることは、ベルルスコーニ元首相はイタリアに戻ると、ロシアのクリミア併合を支持し、ロシアに対する欧州連合（EU）の制裁措置を批判しているということだけである。そのベルルスコーニ氏は二〇二三年六月一二日に慢性白血病にともなう肺感染症のため八六歳で死去した。

三　ロシアのワイン

ロシアワインとは、一般にはロシア国内で生産されるワインを指すが、旧ソビエト連邦内で生産されたウクライナワイン、グルジア（ジョージア）ワイン、モルドバワイン、アルメニアワイン、アゼルバイジャンワインなどロシア産と誤解されたワインもまたロシアワインに含める場合がある。ここではロシア国内産ワインについて述べたい。すなわち、ロシア南部のダゲスタン共和国、チェチェン共和国、ガバルダ・バルカル共和国、クラスノダール地方、ロストフ地方、スタヴロポリ地方、アルタイ地方、西部のトヴェリ州で生産されているワインのことである。

　ロシアワインの生産地は、北方では寒冷地のためにブドウを栽培するのに適当ではなく、ロシア産のワインは黒海沿岸、ドン川流域、クリミア半島の三ヶ所が主たる産地である。クリミア半島のワインは、二〇一四年にウクライナ領のクリミア半島がロシアに一方的に併合されるまではウクライナ産ワインとされていた。その後、超熟型ワインで有名なクリミアのマサンドラワイナリーの熟成庫の在庫を巡って、ロシアとウクライナがその所有権を争っていたのは、ロシアのウクライナ侵攻直前のことである。

　ワインの生産にもっとも大切なのは地理的気候だが、ロシア国内で最もワイン生産が盛んな北カフカス地方（北コーカサス地方のこと。黒海とカスピ海に挟まれたコーカサス山脈とそれを取り囲む低地）を見ると、典型的な大陸性気候である。厳冬期の霜に対応するため、ブドウ生産業者はブドウの木の上

ロシアのワイン

ロシアのワイン。産地はカスピ海と黒海の間にあるカフカス山脈のクラスノダール。品種はカベルネ、メルロー、シャルドネを使用。いずれもファナゴリアワイナリー（『世界の名酒事典』講談社より）

から土を被せている。クラスノダール地方では、ブドウが完熟するのに必要な期間のうち、霜が降りない日が一九三〜二二三日ある。ダゲスタン共和国のステップ地帯（黒土の土壌にステップと呼ばれる丈の短い草が広がる地域）は、年間を通して降水量は少なく、雨期には少量の雨が降り、昼と夜の気温差が激しい所である。

野生のブドウの木は数千年前よりカスピ海、黒海、アゾフ海周辺にあった。古代ギリシャとの貿易のためにブドウの栽培が行われていたことが遺跡の出土品からも知られている。これは黒海周辺が世界最古のワイン製造地域であることの証拠だという。

ロシアにおける現代的な商業ワイン生産の創始者は、レフ・ゴリツィン公爵だと言われている。彼は自らが治めていた黒海地方にロシア初のシャンパン工場を設立し、一八八九年には生産したスパークリングワインがパリのワイン品評会のスパークリングワイン部門で金賞を受賞した。

一九一七年のロシア革命後は、一九二〇年以降にワイン工場が徐々に建造され、生産も軌道に乗りはじめた。三〇年代にはスターリンの後押しなどで、貴族向けからソビエト人民向けに甘口ワインの製造技術なども進んだが、その後何度かの停滞期を経て、一九八五年のミハイル・ゴルバチョフによる反アルコールキャンペーンにより国内の生産態勢は大きな打撃を受けた。ソビエト連邦崩壊後は、それまで優れたブドウ品種の栽培を行っていたブドウ畑の多くが転用され、ロシア全体のブドウ栽培畑の面積は七万二〇〇〇ヘクタールと、一九八〇年代の半分以下まで落ち込んだ。

しかし国有地の民営化に伴い、ロシアのワイン産業は再び息を吹き返す。ワイナリー保有企業で知られるアブローラ社はかつてソ連有数の国有農園を保有していたが、民営化と同時に数名のロシア人投資家が買い上げる形で新しく生まれ変わり、ワイナリーの親会社になった。新たにこの会社の経営を握った投資家グループは、そこに世界水準のワイナリー建設計画を実現させ、二〇〇三年にフランスのワイナリー建設専門会社の手によって近代的なワイナリー「シャトー・ル・グラン・ヴォストーク」（CGV）が完成した。そしてその年の秋、すでに八〇万リットルのワインが仕込まれて二〇〇四年にボトリングした若いワインがモスクワに運ばれた。

この投資家グループはフランスの醸造家フランク・デュセナーを招聘し、デュセナーにCGVワイナリーとブドウ園経営の全権を委任している。そしてデュセナーの手によりシャルドネ、ソーヴィニヨン・ブラン、カベルネ・ソーヴィニヨン、アリゴテ、シラーなど八種の幼樹をCGVのブドウ園に導入することとなり、フランスから近代的ワイン製造技術を導入する形でボルドー型ワイン醸造に力を入れる経営方針が進められた。

二〇一三年にロシアで販売されたワインはその八〇%がブドウ果汁濃縮物からつくられていて、ソビエトワインへの悪評という偏見から脱却する試みが動き始めてきた。それを後押しするかのように、地方自治体により「アルコール度数の高いウォッカのような酒に代る『より健康的な代替嗜好品』」を生み出す産業として、ワインの飲酒が推奨されている。ロシアは将来の世界市場へのワインの大量輸出を画策しているので、ワインが農産品として格上げになり、ワイン農家は国から財政支援が受けられるようになるなど、明るい兆も少なくない。

ロシアでは現在さまざまな品種のブドウが生産されており、ワイン醸造に関しては一〇〇種類を超える品種があるといわれている。製造量ではルカツィテリ種が全体の四五%を占めるほかアリゴテ、カベルネ・ソーヴィニヨン、セヴェルニ、クレレット・ブランシュ、メルロー、マスカット、ピノ・グリ、リースリング、サペラヴィ、シルヴァーナー、サヴァニャンなども生産されている。

ウクライナとロシアの戦争は、世界の経済を大きく揺さぶり始めている。ワインも例外ではなく、すでにウクライナやロシア産のワインは世界市場への出荷をほとんど停止してしまった。また、その煽りを喰って、モルドバ産のワインをはじめ旧ソ連邦の国々のワインも滞っている。またフランスを中心とする欧州各国のワインは、ウクライナやロシアへの輸出がほぼ止まり、さらにワイン容器のガラス瓶の値段が高騰している。これはロシアからの天然ガスの停止で、ガラスを高温で溶解し瓶に成形するのに支障をきたしているためである。そのほかコロナ禍以来続く世界物流の混乱は、ロシア―ウクライナ戦争でさらに深刻化し、世界中のコンテナ船のスケジュールが混乱して、一般の荷物もワインもあちこちの港で滞っているのが現状である。とにかく、一刻も早くこの理不尽な戦争が終結を迎えることがなによりも肝要なことである。

四　ジョージアのワイン

ロシアと国境を接し、ウクライナの近くに位置する国にジョージア（旧称グルジア）がある。ウクライナと同じく旧ソビエト連邦を構成する共和国の一つであった。旧ソ連の崩壊に伴い一九九一年四月に共和国として独立を回復し、ロシア語読みの「グルジア」から英語読みの「ジョージア」に呼称が変更された国である。

今、この国もロシアとの関係は悪化しており、とても心配している。というのも、ジョージアもすばらしいワインの生産国で、歴史上でもっとも古いワイン発祥の国として知られているからである。私はこの国のワインについて調べたいと、東部のカヘティ州と西部のイメレティ州というワイン生産地に足を運んだことがある。

ジョージアのワインづくりの起源は極めて古く、コーカサス山脈から黒海にかけて紀元前六〇〇〇年頃にすでにワインがつくられていたことが、さまざまな考古学の研究によって裏付けられていて、この地がワインの発祥地であるとみられている。そのためジョージアのワインはつくり方にもきわめて古いやり方が残されていた。カヘティ州の農村に行ったときはほとんどの農家が家の前にブドウ畑を持っていて、ブドウの集荷からワインの仕込みまで家族総出で自家醸造に励んでいた。

このジョージアワインが世界的に大きな注目を集めてきたのは、クヴェヴリによる独自の醸《かも》し方のためである。クヴェヴリは粘土でできた素焼きの壺のことで、形は卵型をしており、壺の内側は蜜蠟（ミツバチの巣を構成する蠟）でコーティングされている。その大きさは小さいものでも二〇〇～五〇〇リットル、大きいものでは三五〇〇リットルも入るもので、それをマラニと呼ばれる醸造所の中の、土に掘った大きな穴に口の部分だけ出して埋めるのである。

なぜ土に埋めるのかを聞くと、クヴェヴリは底が尖った卵型になっていて安定しないためだという。土中の温度は地表より冷たく、じっくりと時間をかけて美味しいワインをつくるには、この風土ではこの方法が良いのであろうと、私にも思われた。仕込みの方法は、先ずブドウをサツナヘリと呼ばれる木製の桶に入れ、その中に人が入り、足で踏み潰して果皮、果肉、果梗、種などをバラバラにし、そのまま果汁とともに土に埋まったクヴェヴリの中へ投入するのである。すると土の中にあるクヴェヴリ中の醪《もろみ》は自然に低温に保つことができ、発酵と熟成がゆっくりと進むのである。こうして約半年後、発酵の終わったワイン醪を自然濾過《ろか》しながら別のクヴェヴリに移し、その後さらに熟成させてから瓶詰めして出来上がりである。

この手間のかかる古いワインづくりは地方の村々で行われており、その一方では大きなワイナリーがヨーロッパスタイルの近代的な方法でワインをつくっている。ジョージアワインの醸造に詳しい現地の醸造技師に聞いてみると、ジョージアワインの約一〇%がクヴェヴリを使った旧式の方法でつくられ、残りの約九〇%は新式のワイナリーでつくられているということである。しかし二〇一三年に、クヴェヴリを使った旧式のワインづくりがユネスコの無形文化遺産に登録されたことで、ジョージア独自のワイン文化が見直されて、徐々にクヴェヴリによる生産が増えてきているということであった。

ジョージアでは赤ワインと白ワインがつくられていて、ブドウの品種は白ワインではルカツィテリとムツヴァネ、赤ワインでは黒ブドウ品種のサペラヴィが代表的なものである。ルカツィテリはジョージアで最も広く栽培されている品種で、香りは控えめで辛口ですっきりし、骨格のある力強いワインが生み出される。ムツヴァネは、端麗な酸味を有しながら、果実や花のような甘い香りを特徴とするアロマティックなワインが出来るということである。

一方、サペラヴィは「染料」という意味がある通り、皮のみならず果肉まで鮮やかな赤が特徴で、ジョージアの赤ワイン用の品種の中で最も栽培面積の広い品種である。赤色が強いだけにタンニンと酸味が豊かで、熟成能力に優れたワインが醸出されるということであった。

ジョージア東部のカヘティ州はこの国最大のワイン醸造地で、ジョージアのブドウ栽培面積全体の七〇%を占める大産地である。田舎に行くと、農家ではまだクヴェヴリでのワインづくりが行われているが、カヘティ州には原産地統制呼称制度（アペラシオン）に準じて一四ものワイナリー（ジョージア全体では一八）がある。白ワインで有名な「ツィナンダリ」、セミスイートワインで有名な「キンズマラウリ」が世界的に知られている銘柄である。

総じてカヘティ州のワインは、この地方の食文化とうまく連動している。牛肉や豚肉などのグリルやシチューといった重厚な味の料理を好むこの地方の人たちは、それらの料理に合ったワインを選択するので、長期間、果皮と果梗、種などとともに発酵した力強い赤ワインが多く生産されてきた。これに対して西部のイメレティ州では対照的にハーブや野菜、鶏肉などを用いた軽い味の料理が多いので、軽やかな酸味と柔らかい渋味の飲みやすいワインが多かった。

ところでジョージアはロシアに多量のワインを輸出していたのであるが、二〇〇八年にロシアがジョージアに軍事介入、実際に軍事衝突にまで至ると、ジョージア産のロシア向けワインの輸出は止まってしまった（二〇一三年に再開）。そして二〇二二年二月のロシアによるウクライナ侵攻以降は、両国国境地域での緊張は日増しに高まっているのが現状である。現在はジョージアとロシアの国交はほぼ断絶した状態にあるとされており、今後、この戦禍によりジョージアワインの生産に支障がおよばないことを祈るばかりである。

あとがき

本書の『発酵食品と戦争』という摑みどころのないタイトルを書店などで知った読者の多くは、「発酵」という平和で身近な生活の場にある事柄と、「戦争」という悲惨で酷く非道な世界とは一体何の関係があるのだろうかと、不思議に思った人も少なくないであろう。

ところが、この相反する二つの事象は全く無関係というものではなく、ある時は微生物の発酵作用を応用して、芋から戦闘機の燃料をつくったり、またアルコールから起爆剤のニトログリセリンを発酵生産したり、あるいは発酵によって醸したワインから軍需物資の重要部品の一部を取り出しそれを使ったりと、実に巧みに発酵を応用してきたのもほかならぬ戦争であった。

その一方で戦争下にあっては、日本人の副食物である味噌や醬油、納豆、食酢そして日本酒や焼酎、ビールまでもが軍の統制下におかれて製造を中止させられたり、配給制となって国民の食生活は悲惨なものになった。さらに全国の酒造蔵や味噌・醬油蔵なども、軍の命令によって取り壊され、そこから出てきた鉄骨などは戦艦や戦車の一部になったり、砲弾に使われたりした。とにかく戦争という悲惨な状況下にあっては、食べものは統制され、わずかに配給され、建物は壊されて日本人は路頭に迷った。

本書では、そのような戦時下における発酵と戦争との不可分な関係を述べてきたが、そこから読み取れるのは、二度と戦争という人間の非道な行為を繰り返してはならないということである。本書を味読して、その辺りの事も賛同いただければ、本書の役割は十分に果たせたと思っている。

本書の出版に際してお世話いただいた文藝春秋編集委員の吉地真氏、文春新書編集部の大石正輝氏に深甚なる感謝の意を表する。

小泉武夫

【主要参考文献】

『日本生活文化史（10）』　河出書房新社、１９８０年
『納豆沿革史』　全国納豆協同組合連合会、１９７５年
『みそ文化誌』　全国味噌工業協同組合連合会、２００１年
『信州味噌の歴史』　長野県味噌工業協同組合連合会、１９６６年
『ものと人間の文化史97・鰹節』　宮下章著、法政大学出版局、２０００年
雪印メグミルク株式会社ＨＰ「チーズクラブ」
https://www.meg-snow.com/cheeseclub/
『酢・酒と日本の食文化』　中央公論社、１９９８年
『日本醸造協会雑誌』　日本醸造協会
『会津酒造史』　伊藤豊松著　会津若松酒造組合、１９８６年
『泡盛の文化誌』　萩尾俊章著、有限会社ボーダーインク、２００４年
キリンホールディングス株式会社ＨＰ「キリン歴史ミュージアム」
https://museum.kirinholdings.com/
『ワインの事典』　大塚謙一・山本博監修、柴田書店、２００３年

主要参考文献

『農林水産省統計表』　農林統計協会

『ものと人間の文化史11・海藻』　宮下章著、法政大学出版局、１９７４年

『ものと人間の文化史115・柿渋』　今井敬潤著、法政大学出版局、２００３年

『ワインづくりの技術』（第４版）M.A.Amerine他著、八巻一夫他訳、雪印乳業技術研究会、１９８６年

『世界の名酒事典』　講談社、２００６年

『発酵』　小泉武夫著、中公新書、１９８９年

『発酵食品礼讃』　小泉武夫著、文春新書、１９９９年

『超能力微生物』　小泉武夫著、文春新書、２０１７年

『最終結論「発酵食品」の奇跡』　小泉武夫著、文藝春秋、２０２１年

小泉武夫（こいずみ　たけお）

東京農業大学名誉教授（農学博士）。1943年福島県小野町の酒造家に生まれる。専門は醸造学、発酵学。ありとあらゆる微生物および発酵食品を研究対象とし、世界中の発酵食物を味わい尽くしてきた。現在、鹿児島大学、別府大学、石川県立大学、福島大学、宮城大学の客員教授を務める。NPO法人発酵文化推進機構理事長。著書は『発酵食品礼讃』『超能力微生物』（いずれも文春新書）、『くさいはうまい』（角川ソフィア文庫）、『最終結論「発酵食品」の奇跡』（文藝春秋）、『酒の話』（講談社現代新書）、『発酵は錬金術である』（新潮選書）、『発酵』（中公新書）ほか、単著だけで150冊以上にのぼる。

文春新書

1421

発《はつ》酵《こう》食《しょく》品《ひん》と戦《せん》争《そう》

2023年8月20日　第1刷発行

著　者	小　泉　武　夫
発行者	大　松　芳　男
発行所 株式会社	文　藝　春　秋

〒102-8008　東京都千代田区紀尾井町3-23
電話（03）3265-1211（代表）

印刷所	大日本印刷
製本所	加藤製本

定価はカバーに表示してあります。
万一、落丁・乱丁の場合は小社製作部宛お送り下さい。
送料小社負担でお取替え致します。

ISBN978-4-16-661421-9

◆アジアの国と歴史

- 韓国併合への道　完全版　呉　善花
- 侮日論　呉　善花
- 韓国「反日民族主義」の奈落　呉　善花
- 韓国を支配する「空気」の研究　牧野愛博
- 金正恩と金与正　牧野愛博
- 「中国」という神話　楊　海英
- 独裁の中国現代史　楊　海英
- ジェノサイド国家中国の真実　于田ケリム　楊　海英
- 劉備と諸葛亮　柿沼陽平
- 王室と不敬罪　岩佐淳士
- キャッシュレス国家　西村友作
- 性と欲望の中国　安田峰俊
- 日本の海が盗まれる　山田吉彦
- インドが変える世界地図　広瀬公巳
- 反日種族主義と日本人　久保田るり子
- 三国志入門　宮城谷昌光
- ラストエンペラー習近平　エドワード・ルトワック　奥山真司訳
- 韓国エンタメはなぜ世界で成功したのか　菅野朋子
- 日中百年戦争　城山英巳
- 第三の大国　インドの思考　笠井亮平

◆さまざまな人生

- 生きる悪知恵　西原理恵子
- 男性論　ECCE HOMO　ヤマザキマリ
- それでもこの世は悪くなかった　佐藤愛子
- 僕たちが何者でもなかった頃の話をしよう　山中伸弥・羽生善治・是枝裕和　山極壽一・永田和宏
- 続・僕たちが何者でもなかった頃の話をしよう　池田理代子・平田オリザ　彬子女王・大隅良典・永田和宏
- 安楽死で死なせて下さい　橋田壽賀子
- 一切なりゆき　樹木希林
- 天邪鬼のすすめ　下重暁子
- さらば！　サラリーマン　溝口　敦
- 私の大往生　週刊文春編
- 昭和とわたし　澤地久枝
- それでも、逃げない　三浦瑠麗　乙武洋匡
- 知の旅は終わらない　立花　隆
- 死ねない時代の哲学　村上陽一郎
- イライラしたら豆を買いなさい　林家木久扇
- 老いと学びの極意　武田鉄矢

在宅ひとり死のススメ　上野千鶴子
最後の人声天語　坪内祐三
なんで家族を続けるの？　内田也哉子・中野信子
百歳以前　徳岡孝夫・土井荘平
迷わない。完全版　櫻井よしこ
東大女子という生き方　秋山千佳
毒親介護　石川結貴
トカイナカに生きる　神山典士
美しい日本人　文藝春秋編
70歳からの人生相談　毒蝮三太夫
ペットロス　伊藤秀倫

◆食の愉しみ

発酵食品礼讃　小泉武夫
毒草を食べてみた　植松　黎
中国茶図鑑　工藤佳治・俞　向紅　丸山洋平・写真
チーズ図鑑　文藝春秋編
食の世界地図　21世紀研究会編
一杯の紅茶の世界史　磯淵　猛
辰巳芳子　スープの手ほどき　和の部　辰巳芳子
辰巳芳子　スープの手ほどき　洋の部　辰巳芳子
新版　娘につたえる私の味　一月〜五月　辰巳浜子・辰巳芳子
新版　娘につたえる私の味　六月〜十二月　辰巳浜子・辰巳芳子
小林カツ代のお料理入門　小林カツ代
一生食べたい　カツ代流レシピ　小林カツ代・本田明子
歴史の中のワイン　山本　博
農業新時代　川内イオ
農業フロンティア　川内イオ
世界珍食紀行　山田七絵編

ルポ　食が壊れる　堤　未果
80代現役医師夫婦の賢食術　家森幸男

文春新書

◆考えるヒント

民主主義とは何なのか　長谷川三千子
寝ながら学べる構造主義　内田　樹
私家版・ユダヤ文化論　内田　樹
勝つための論文の書き方　鹿島　茂
成功術　時間の戦略　鎌田浩毅
世界がわかる理系の名著　鎌田浩毅
ぼくらの頭脳の鍛え方　立花　隆　佐藤　優
知的ヒントの見つけ方　立花　隆
立花隆の最終講義　立花　隆
日本人へ　リーダー篇　塩野七生
日本人へ　国家と歴史篇　塩野七生
日本人へ　危機からの脱出篇　塩野七生
逆襲される文明　日本人へⅣ　塩野七生
誰が国家を殺すのか　日本人へⅤ　塩野七生
完全版　ローマ人への質問　塩野七生
イエスの言葉　ケセン語訳　山浦玄嗣

聞く力　阿川佐和子
叱られる力　阿川佐和子
看る力　阿川佐和子　大塚宣夫
臆病者のための裁判入門　橘　玲
女と男　なぜわかりあえないのか　橘　玲
「強さ」とは何か。　宗　由貴監修　鈴木義孝構成
何のために働くのか　寺島実郎
女たちのサバイバル作戦　上野千鶴子
在宅ひとり死のススメ　上野千鶴子
サバイバル宗教論　佐藤　優
サバイバル組織術　佐藤　優
無名の人生　渡辺京二
生きる哲学　若松英輔
危機の神学　若松英輔　山本芳久
脳・戦争・ナショナリズム　中野剛志・中野信子　適菜　収
歎異抄　救いのことば　釈　徹宗
プロトコールとは何か　寺西千代子
それでもこの世は悪くなかった　佐藤愛子

知らなきゃよかった　池上　彰　佐藤　優
知的再武装　60のヒント　池上　彰　佐藤　優
無敵の読解力　池上　彰　佐藤　優
死ねない時代の哲学　村上陽一郎
コロナ後の世界　ジャレド・ダイアモンド　ポール・クルーグマン　リンダ・グラットン　マックス・テグマーク　スティーブン・ピンカー　スコット・ギャロウェイ　大野和基編
コロナ後の未来　ユヴァル・ノア・ハラリ　カタリン・カリコ　ポール・ナース　リンダ・グラットン　リチャード・フロリダ　スコット・ギャロウェイ　イアン・ブレマー　大野和基編
スタンフォード式　お金と人材が集まる仕事術　西野精治
なんで家族を続けるの？　内田也哉子　中野信子
教養脳　福田和也
コロナ後を生きる逆転戦略　河合雅司
超空気支配社会　辻田真佐憲
明日あるまじく候　細川護熙
百歳以前　徳岡孝夫　土井荘平
老人支配国家　日本の危機　エマニュエル・トッド
迷わない。　完全版　櫻井よしこ
いまさら聞けない　キリスト教のおバカ質問　橋爪大三郎
ちょっと方向を変えてみる　辻　仁成
フェミニズムってなんですか？　清水晶子